护肤化妆

问题108解

曲爱琳 著

文汇出版社

美，饱含着生命的力量

美是什么？
表象化的标准呈现，
还是概念性的喜好审美？

每一个时代，不同的阶段，不同的认知群体，
对于美的定义，有着截然不同的解答，
而对美的认知，又容易流于形式和表面，
在被不断规范和定义中，美也便失去意义。

美的本质是生命力，一次不遗余力地盛开，
不仅是外在的视觉展示，更是内在散发的光芒。
美能够唤醒内心的能量，打破禁锢与束缚，
是精致优雅，是独立自信，也是坚韧睿智。

正是因为对这份真实之美的探索，
2000 年我进入了尚在萌芽阶段的美妆行业。
二十几年的职业生涯，
从基础化妆师进阶到商业广告化妆领域，
从美妆造型的实践者转变为美学的教育者及推广者。

由懵懂到独立成熟，每一次成长都在不停地突破自我，
不同角色间的转变，每一次切换都在开启着新的可能。

不断地挑战与创新，打破了原本对美的认知局限，
商业广告、舞台影视、综艺广告、秀场策划、明星造型、大赛评委等，
几乎众多的化妆造型相关的领域，我都有涉足，也做出了一定的成绩。

从生活中感悟对美的理解，以职业的眼光追求精致的美学艺术，
越发觉得单一的标准与审美，无法真正地衡量美的价值。
美是感性的，是充满幻想的独一无二，
每一种美丽都值得被赞颂，每一种美丽都该被坚持，
美，应该真实多元，是敢于不凡，发出自己的声音。

美是你想成为的任何样子，
而不是固于外在审美标准下的屈从。

此书旨在分享正确而快速的护肤美妆技巧，
唤醒人们对美的自信渴望，以美学艺术造就卓越的专业技能，
让美与每个人建立关系，突破外界固化标签和自我设定的障碍，
从而散发不可言喻的光芒与魅力。

在这个追寻美、成为美的过程中，
遇见自信，拥抱成长，收获从容，
去展现属于你的真实独特之美。
打开一本书，打开一扇门，你会遇见最美的自己。

——美的缔造者 曲爱琳

目录

女士护肤篇

女士化妆篇

男士护肤 & 化妆篇

女士护肤篇

以极简纯净，理性护肤，
尊重不同年龄肌肤的状态变化，
善用科学方法，舍弃繁杂步骤，
卸去层层虚饰，精准有效呵护，
让时间不再是护肤的负担和束缚，
而是感受生生不息的纯净疗愈力。
循序渐进，长期持续，
让肌肤与时间同行，
由内而外地缓缓绽露莹润光泽。

让你的存在
成为美好能量的象征
只要想到这份存在
便能予人希望与光明
　　　——美的缔造者　曲爱琳

皮肤干燥的原因

A. 毛孔堵塞

皮肤毛孔内都藏有污垢，如果清洁不到位，补水和护肤品中的营养成分就很难被吸收进去。

B. 补水量少

肌肤本身就比较干燥、缺水，少量的补水是不能够满足肌肤需求的，所以必须要能够锁水。

C. 皮肤酸碱失衡

皮肤酸碱值不平衡，就极易出现皮肤水分流失，导致皮肤松弛和内油外干等问题。

D. 角质层过厚

皮肤角质层过厚，不仅不能吸收护肤品中的水分和营养，而且还会因毛孔堵塞导致毛孔越来越大。

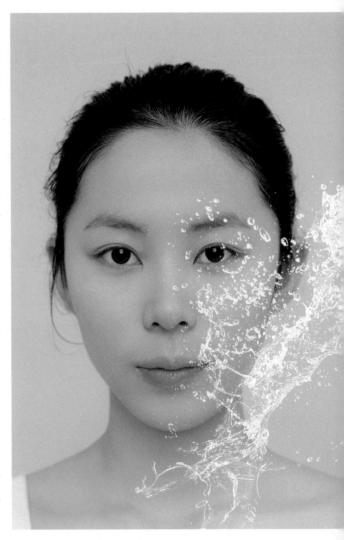

炎热天气敷面膜的最佳方法

核心是把面膜冷藏

◎ 保持面膜的湿度：

冷藏能保住面膜的新鲜度和营养成分。

◎ 促进面膜内精华的吸收：

先用热毛巾热敷打开毛孔，冷热刺激增强皮肤的活力和弹性。

◎ 促进精华深层吸收。

◎ 帮助毛孔收缩：

皮肤遇到冷刺激会收缩，对于毛孔粗大的人很实用。

◎ 有利于镇静皮肤：

低温对晒后红肿有镇静作用，有利于皮肤的晒后修复，帮助皮肤降温。

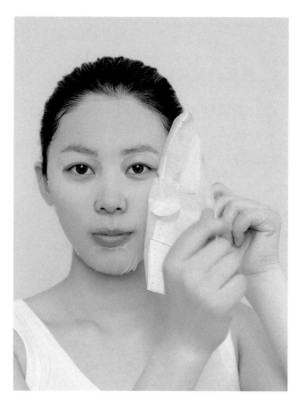

⚠注意事项：

* 温度不要低于5℃！
* 面膜前一天放在冰箱里，不宜时间过长，拿出后放几分钟再使用，使用前可以用热毛巾或温水洗脸打开毛孔，更利于皮肤吸收和保湿。

3 生理期，皮肤水嫩嫩的保养技巧

🍀 生理期是护肤保养的最佳时期，一定要把握好机会。

A. 抗痘防斑

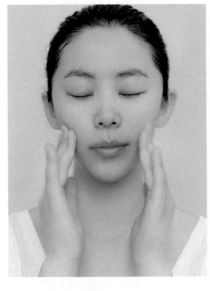

step1→

月经开始的前7天，因黄体激素增加使子宫内膜充血和内膜腺体分泌，促使荷尔蒙产生变化，肌肤状况渐趋不稳定，皮肤常会出现暗沉、粗糙、长痘和容易出油的状况，这时要加强新陈代谢，注意防晒，让痘痘和黑斑没机会出现。

step2→

加强清洁与抗痘，每天至少洗2次脸。油性肌肤每周使用一次控油的绿藻面膜，让脏污没有机会残留，长痘的部位可以用含茶树精油或水杨酸等抗痘成分的产品，杀菌除痘。

B. 修护皮肤

step1→

补水保湿：月经期间可以每天使用保湿面膜，在早晚洁面后可以用保湿水喷洒肌肤，然后再使用有补水保湿作用的面膜改善肌肤的粗糙和缺水，建议在临睡前一小时敷面膜，敷完后轻轻拍打脸部，促进吸收。

step2→

滋润修复：在生理期，肌肤的吸收能力异常强大，是滋养肌肤的最好时机。洁面后用营养保湿水拍打肌肤，然后涂上营养面霜，建议多使用含有玻尿酸成分的护肤产品。

step3→

眼部按摩：每晚用眼霜在眼睛周围做眼部按摩，轻轻地在眼睛周围顺时针画圈。若眼睑浮肿，可以将两块化妆棉浸泡在茶水中，然后取出敷在眼睑上，10分钟后取下，可消除经期的眼部疲劳、浮肿及黑眼圈。

不同种类护肤水的选择技巧

A. 紧肤水，油性肌肤的最爱

对于油脂分泌旺盛且时常冒痘痘的油性肌肤，使用含有酒精成分的紧肤水可以收缩毛孔，杀菌消毒。一般的紧肤水还有软化并去除角质的功能，若每天使用紧肤水，就无需单独去角质了。

B. 爽肤水，健康肌肤的必备

爽肤水是实用性最好的一种护肤水。除了可以对皮肤进行二次清洁外，还可以调节肌肤表面的酸碱值，在护肤中起到承上启下的重要作用。调理角质层，使后续的保养品可以被更好地吸收。洗脸后 3 分钟，在水分没有完全蒸发时使用爽肤水可以快速补水。另外，爽肤水还可做自制的保湿面膜，每天敷 3-5 分钟，可以让肌肤滋润水润。

C. 精华水，改善肤质的帮手

精华水是介于化妆水与精华液之间的一种护肤品。区别于一般化妆水的清洁和保湿功能，精华水更着重于滋润和修护功能。因此更适合中干性皮肤使用。精华水中添加的精华成分，是类似细胞结构的离子，更易被肌肤吸收。

5 # 效果翻倍的敷面膜技巧

❀ 护肤产品中，面膜是必不可少的护肤品之一，它能让皮肤变得更水润，甚至还能起到一定的美白效果。贴片面膜就是最常见的一种面膜，里面还有一张塑料纸，很多人会选择把它扔掉，这也是大多数人敷面膜效果不好的原因。

面膜塑料纸的用途

◉ 面膜里都有一层塑料纸，它不仅具有防止面膜撕裂和变形的作用，还可以让精华液均匀敷在脸上，更好地锁住面膜里面的水分，让皮肤的补水效果事半功倍。

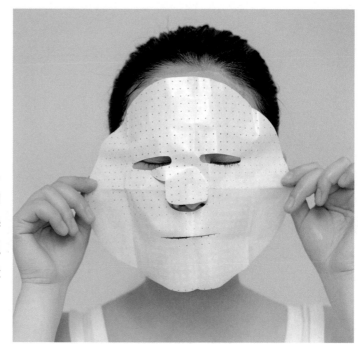

怎么敷面膜效果会翻倍

◉ 面膜一般敷的时间都在 15-20 分钟即可，可是很多人会觉得面膜都没敷干就扔掉会有些浪费，然后就一直敷到面膜没有水分为止，这样的做法，护肤效果不仅不会翻倍，反而会把皮肤的水分都吸走，使皮肤更加干燥。

敷面膜后适当按摩脸部

◉ 很多人敷完面膜后，要么直接洗掉，要么等它自己干，其实这两种方法都是不可取的，我们可以选择用手轻轻按摩拍打脸部，让剩余的精华液更好地吸收，而且按摩还具有一定的瘦脸功效，护肤瘦脸一举两得。

预防皮肤干痒的七大方法

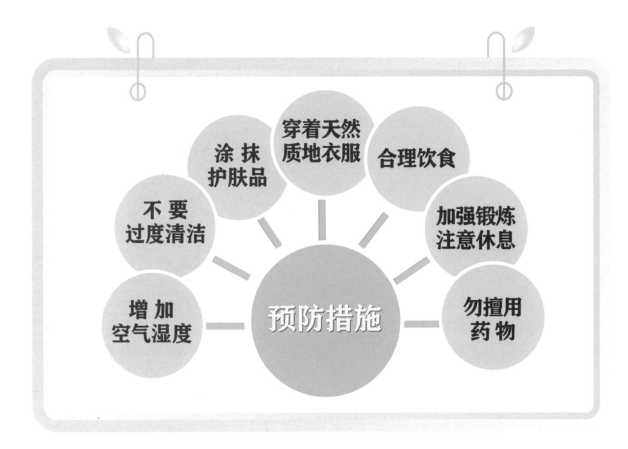

A. 增加空气湿度

使用暖气或空调会导致室内湿度下降，引起皮肤干燥，可通过加湿器增加空气湿度，防止皮肤干燥。

B. 不要过度清洁

不管是洗澡还是日常洗脸，都不要过度。过热的水温和过频繁的清洗不但会把皮肤的天然皮脂层洗掉，而且会刺激角质基底层，使防御干燥的能力变得更低。尽量以淋浴为主，选择比较温和的沐浴产品。

C. 涂抹护肤品

洗完澡后立即擦干身体，并涂抹含有保湿和滋润成分的乳液或乳霜。

D. 穿着天然质地的衣服

"呼吸"是皮肤的特性，所以在春天也要让皮肤透气畅通，如天然织物质地的纯棉或纯麻，贴身的衣服要选用透气感好、柔软舒适的面料。

E. 保证饮水量、 注意营养搭配

每日保证饮水量，但要少喝咖啡、茶水之类含有咖啡因的饮料，咖啡因利尿，会使皮肤更干燥。饮食口味要清淡，忌食辛辣刺激的食物，三餐合理，注意营养搭配，多吃蔬菜水果。

F. 注意休息、 适当锻炼

注意休息，促进皮肤修复。也要适当锻炼，促进血液循环。

G. 勿擅用药物

特别要注意，在发生皮肤瘙痒时，不要自行使用一些含激素的外用药膏，比如皮炎平等。这种药物在长期使用后很有可能会发生涂药部位皮肤异常，而且还可能导致过敏。可通过增加空气湿度、避免过度清洁、涂抹护肤品、穿着天然质地衣物、保证饮水量等方法预防皮肤干痒。

不会脱妆的护肤技巧

❀ 很多人的妆容每天总是过了中午或者下午就会开始脱妆和花妆了，为什么呢？关键是在化妆的前一道步骤。

▶ A. 清洁脸部皮肤后，在涂抹妆前乳之前，用吸油纸轻轻压于全脸，把肌肤外多余的油脂吸掉，重点部位是容易出油的 T 字部位和鼻翼。

▶ B. 使用粉底液后，用干净的海绵以轻按方式将粉底涂抹均匀，持妆效果会很好。

▶ C. 妆前先做好肌肤保湿度。充满水的滋润的肌肤是服帖粉底的基础，选用含有玻尿酸等可以锁住皮肤水分的护肤品。

▶ D. 妆前先尽可能地让皮肤的温度下降，可用冰镇过的面膜或者用降过温的化妆水使毛孔吸收水分并收缩毛孔，可以减少皮肤出油。

护肤品混搭使用的技巧

从作用上看，水、乳液、面霜三者的功能是相辅相成的，搭配使用的话，效果会更好。其中，关于面霜，根据季节的不同和每个人肤质的不同，对保湿度和滋润度也都有自己的要求，这个单品可以自由选择。

精华，是护肤品中活性成分最高、吸收效果最好的，以及功能性最明显的单品，所以精华是解决皮肤问题的单品，比如抗老、美白等，可以根据每个人的肤质自由选择。

9 肌肤年轻十岁的六种护肤小技巧

A. 关于头发

尽量不要低着头去洗头发，时间长了会有抬头纹和颈纹，要站在莲蓬头下面仰着洗。烧菜时最好戴个浴帽，不要让油烟伤害到我们的头发。

B. 关于眉毛

修剪眉毛用修眉刀和修眉剪就好，千万不要去拔，否则会引起眼部皮肤下垂。

C. 关于眼睛

18 岁开始用一些眼部护理啫喱，20 岁开始用清爽眼霜，23 岁开始用滋润眼霜。用眼过度的时候，用热毛巾敷到眼睛上，可以缓解疲劳。保护眼睛可以多吃蓝莓，既对眼睛好，又可以帮助我们的身体抗氧化。

D. 关于鼻子

鼻子容易出现黑头问题，建议使用涂抹式清洁黑头产品，相比鼻贴它能更好保护皮肤，但是不管用什么产品，处理完黑头一定要用毛孔收缩精华。

E. 关于嘴唇

嘴唇总会有干燥起皮的现象，建议用保鲜膜覆在涂满蜂蜜的嘴唇上 20 分钟到半小时，嘴唇就会很滋润。如果涂了唇彩、唇蜜、唇膏等产品，一定要用眼唇卸妆液来彻底卸妆，否则有些余留还是会卡在细小唇纹里，长时间会令你的嘴唇色素沉积，唇色暗淡。

F. 关于肌肤

肌肤的保养在于防御，电脑的辐射、阳光的辐射都会伤害我们的肌肤，防晒霜是肌肤的防护衣，必须涂抹，所有护肤的方向请从下巴下颌的部位向上涂抹，做完面膜，请把面膜贴从下往上揭开！这是防止皮肤下垂的小技巧。

正确使用眼霜的技巧

◉ 为什么要注重眼部肌肤保养？

A. 眼部肌肤无排毒通道

眼部肌肤几乎没有皮脂腺和汗腺，这意味着眼部几乎不出油不出汗，缺乏天然皮脂保护，非常容易干燥缺水、长皱纹、堆积色素。

B. 眼部肌肤非常薄

眼部肌肤的厚度只有面部肌肤的三分之一，而且现代人生活压力大，经常熬夜，也就非常容易出现黑眼圈和眼袋。

C. 眼部肌肤活动量大

每天几万次眨眼动作，导致眼部肌肤相比其他肌肤更易老化。研究表明：眼部肌肤的年龄比其他部位早衰老 8 年，正常肌肤大约 25 岁开始快速老化，眼部肌肤一般是 18 岁就开始老化了。

◉ 眼部肌肤保养的误区

A. 25 岁之后才需要用眼霜？

现代女性工作中经常要面对电脑、手机等电子设备，加上空调、紫外线等外界环境因素的影响，对眼部肌肤的伤害越来越大，缺水、黑眼圈、干纹等问题层出不穷，所以保养的原则应该是"防患于未然"，因此 25 岁之前就应该把眼部保养提上日程。

B. 用了眼霜就能去除黑眼圈、眼袋和鱼尾纹吗？

很多人等出现了第一条细纹、明显的黑眼圈或眼袋才开始使用眼霜，但对于眼部肌肤问题来说，眼霜的作用就是延缓眼周肌肤衰老。人的肌肤是不断老化的，皱纹也会不断形成，选择适合的眼霜，就是保护眼部肌肤，延缓衰老。

C. 眼霜只能在晚上用吗？

日夜分时，才是眼部肌肤护理的最好方法。白天提拉，对抗各种环境挑战，提拉淡纹；晚上紧致，配合美容觉为眼部肌肤做进一步修护，持久抗皱。眼部肌肤保养的眼霜应该早晚都用，持续不间断。

◉ 如何选择眼霜

A. 25 岁之前，如何选择眼霜？

25 岁之前，眼部肌肤潜在问题开始出现，这时选择眼霜应以防护为主，对抗潜在肌肤问题，唤醒年轻肤质。

B. 25 岁左右，如何选择眼霜？

25 岁肌肤开始加速衰老，肌肤问题也开始出现，这时选择眼霜应以修护为主，根据自身肌肤问题选择眼霜尤为重要。

C. 30 岁左右，如何选择眼霜？

眼部肌肤问题越发明显，这时眼霜的选择就要倾向提拉紧致了。对抗眼部皱纹，宜早不宜迟。

eye cream

拯救皮肤干燥，水润一整天

🍀 很多人只关注补水，但保湿却并没有太好的效果，导致肌肤总是达不到持久水润的状态。为了解决大家的疑惑，特别分享如何保湿的一些小技巧，让你的肌肤 12 小时都水润！

A. 彻底清洁

不管你今天是否化妆，是否涂抹了护肤品，清洁都是必不可少的一个流程。只有将肌肤里的垃圾清走，才能清空毛孔，更好地吸收水分，让补水效果更好。建议一天早晚两次最佳。不需要过度清洁，否则会带走肌肤所有的油脂，让水油更不平衡，从而干燥严重。

B. 大量补水

爽肤水搭配化妆棉使用，可以让保养效果加倍。先用爽肤水浸湿化妆棉，用其轻轻擦拭全脸，不仅有二次清洁的作用，还让表皮层浸润水分，达到补水的效果；之后再用手指以逆毛孔的方式由下往上轻拍，协助化妆水中的保湿因子快速地渗入肌肤，不仅有助于深层滋润，也有助于毛孔锁住水分，达到滋润的效果。

C. 密集修复

修复与补水有着密不可分的关系。首先，只有在补水的前提下，肌肤修复功效才能达到最大化。其次，只有将肌肤修复好了，才会更好地锁住水分。这两个是互相依靠的关系，在修复过程中，精华无疑是首选产品，它能加大肌肤营养和水油平衡。

D. 牢固锁水

在肌肤充分补充好水分的前提下，要快速地保湿，避免空气和体温将水分挥发。建议选择高滋养的面霜，涂抹面霜的时候分量大概在一元钱硬币大小的量，干性皮肤使用量可多些，从 T 区向脸部四周由下往上的方向蔓延涂抹，最后可用拍打的方式，达到深层锁水的最佳效果。

12 早上和晚上护肤品的正确使用顺序和步骤

❀ 掌握不同时间护肤品正确的使用方法，对护肤效果的保障至关重要。

▶ 早上护肤品的使用顺序：

洁面、 爽肤水、 精华、 眼霜、 乳液、 面霜、 防晒、 隔离。

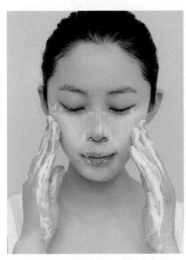

其实所有护肤品的使用都有一个共同的规律，那就是按护肤品的质地从稀释到浓稠使用。

例如，一般都是先用水，再用乳。因为水的分子较小，是最先能被皮肤吸收的分子，而乳液黏稠的质地，是因为里面有油的成分，所以应该在水之后使用。在水之后涂抹不但可以在肌肤表层建立起一层保护膜，使营养更好吸收，还可以阻挡空气中存在的灰尘，一举两得。

在护肤时，防晒是非常重要的一部分，紫外线的照射对皮肤的危害是最大的，所以，防晒在白天护肤是必不可少的。

▶ 晚间护肤品的使用顺序：
卸妆、 洁面、 爽肤水、 精华、 面膜、 眼霜、 乳液、 面霜。

夜晚正是肌肤新陈代谢最活跃的时间，这时如果毛孔受到化妆品或污垢的阻塞，将会妨碍新陈代谢的进行。只有卸妆清洁后，肌肤的吸收力才能提升到最佳状态，否则，不论你再涂抹营养多么丰富的保养品都无法更好地吸收。所以，卸妆清洁是非常重要的。

小贴士：去角质多久一次？

★ 对于不同的肌肤去角质的频率是不同的。如干性与过敏性肌肤 2-3 周 1 次，油性肌肤一周 2 次左右，混合肌肤在 T 区清洁一周 1-2 次。

＊去角质要在洁面之后，用去角质的乳液，轻轻地按摩，然后再用清水冲洗干净。

13 敷黑头面膜的最佳方法和时间

▶ 撕拉式去黑头面膜一周最多 1 次

撕拉式的去黑头面膜，主要是依靠吸附能力将皮肤上的黑头、老化的角质吸出来，具有很强的清洁作用，但是消除方式比较粗暴，容易使毛孔变大，因此使用频率不宜太高，一周最多 1 次，且用完后一定要用紧致水收缩毛孔。

▶ 泥质去黑头面膜一周不超过 2 次

泥质的去黑头面膜相对来说更温和一点，但是也是深层清洁的面膜，频繁敷会让油脂流失过多，使得皮肤变干燥，一般建议一周使用不超过 2 次，平常还是以普通的纯补水面膜为主比较好。

▶ 去黑头面膜要敷多久？
▶ 15 分钟即可

不管是撕拉式去黑头面膜还是泥质去黑头面膜，敷得时间太长，面膜会变干，引起轻微疼痛感，而且敷久了面膜会反吸皮肤的水分，建议敷去黑头面膜的时间不超过 15 分钟。

两翼够宽 吸附毛孔内脏东西

鼻尖弧度合理剪裁 不放过每一颗黑头

▶ 去黑头面膜什么时间敷最好？
▶ 睡前沐浴后敷最好

沐浴后体表温度升高，脸上的毛孔是打开的，此时敷去黑头面膜能更彻底地清洁黑头油污。之所以睡前敷，主要因为晚上是肌肤排毒修复的最佳时间，把堵塞毛孔的油污清理后，更有利于肌肤排毒。

14　皮肤松弛的拯救技巧

❀ 随着年龄的增长，大部分人面部的皮肤会变得越来越松弛，人也会开始衰老，学会正确的保养方法可以延缓衰老，紧致皮肤。

第一点：　补充胶原蛋白

皮肤松弛很大的原因是因为缺少胶原蛋白，所以解决皮肤松弛最好的方法就是补充胶原蛋白。胶原蛋白能够帮助皮肤锁住水分，让皮肤滋润饱满保持弹性，改善皮肤松弛。

第二点：　养成良好的生活习惯

熬夜会使人体内分泌失调，会使皮肤变得暗淡、松弛、无弹性；首先要保证有充足的睡眠，减少熬夜，做到饮食均衡，最后减少吸烟、酗酒等不健康的生活习惯。

第三点：　经常进行面部按摩

经常进行面部拍打按摩有利于改善脸部肌肤松弛，改善细纹，增强皮肤弹性，加速皮肤的新陈代谢，使皮肤变得柔软顺滑，减缓皮肤老化。不过需要注意的是，在按摩面部肌肤时，一定要做好保湿滋润，需要掌握正确的按摩手法，才会更加有效。

第四点：　注意皮肤清洁

要注意皮肤的清洁，如果脸部的油污多、灰尘重的话会导致皮肤毛孔的堵塞。这样就会导致皮肤的毛孔粗大，皮肤就会没有弹性而松弛。皮肤清洁时需要适当去角质，把分泌过多的油渍和堵塞的毛孔里面的污渍进行去除。不过去角质最好 1 个月轻微适度地做一次，过度频繁容易造成皮肤干燥。

第五点： 防晒

要想彻底地搞定脸部皮肤松弛问题，一定要做好防晒工作。脸部出现松弛，其实最大的原因就是紫外线的损害，平时出门记得要擦防晒霜，必要时戴帽子、墨镜。

外养内调

▶ step1→情绪

稳定的情绪和良好的心境是保养皮肤最有效的方法。同时做一些能促进新陈代谢的有氧运动，以免在这段时间体重增加。

▶ step2→内调

健康的饮食是皮肤保养最关键的因素。在此期间应多摄入营养丰富的蔬菜和水果，多饮水，以补充体内的水分和血容量。

十个让皮肤细腻的技巧

❀ 细腻又白净的婴儿肌，是我们最想要的，可惜大部分人的皮肤都有各种各样的问题，告诉你十个让皮肤变好的技巧，轻松完成皮肤改善计划。

A. 糖分少摄入

糖分与紫外线，是皮肤的两大杀手，平时饮食要减少糖分的摄入，不吃甜品、蛋糕，不喝奶茶、含糖饮料等，做好抗糖化的工作。减少太阳紫外线的长时间照射，做好防晒保护，每天坚持一定会有好的效果。

B. 每天轻拍脸

用双手的指腹轻轻地拍打脸部，特别是涂抹完护肤品之后拍打，不仅能够加速护肤产品的吸收，还可以促进血液循环加速皮肤代谢，长期坚持还可以增加皮肤弹性，防止产生皱纹。

C. 洁面要控时

敏感肌肤的人群，要控制洗脸次数，早晚各一次，且洁面的时间不能太长，尽量让洗面乳在脸上停留的时间不要超过 15 秒，这样可以有效地减少对皮肤的刺激。

D. 护肤多用手

在护肤过程中，尽量多用手去涂抹，特别是爽肤水、精华液等水分比较稀薄的，尽量用手拍打涂抹，因为手是自带温度的，容易被皮肤快速地吸收。

E. 黑头要根治

当出现黑头的时候，用鼻贴治标不治本，应该做好鼻子的深层次清洁，保持它的水油平衡，做好毛孔紧致最重要。

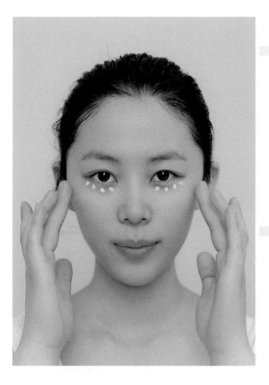

F. 涂眼霜方法

涂抹眼霜的时候，动作要轻柔，以按压的方式从内眼角到外眼角涂抹，涂抹的面积要大些，上下眼周都要涂抹到位，眼霜过量，皮肤吸收不了，容易长脂肪粒，动作太重，容易长细纹，所以涂抹方法很重要。

G. 多肽护肤品

想要皮肤白皙润滑，有一种成分不可少，就是多肽，它是给肌肤补充养分、美白肌肤的前提，所以在选择护肤产品的时候，可选择多肽成分的，可以抗衰老、抗氧化。

H. 搓泥要解决

搓泥的原因主要是前面的护肤品还未吸收，下一个护肤品又涂上，导致产品叠加不容易晕开，所以当涂抹到面霜的时候，很容易出现搓泥问题。
▶解决办法是，每涂抹一层护肤品，就拍打一下，静等两分钟吸收以后，再少量多次地点涂面霜。

I. 心情要愉悦

生活的压力、紧张焦虑的情绪，都会给皮肤造成不适。所以想要美肌，请保持愉悦的心情，少生气，多做自我调节。

J. 喝水与运动

"喝水"加"运动"是健康肌肤必不可少的两个条件，因为水和运动可以促进废物的排出，加速身体的循环和代谢，是保持皮肤的滋润度和弹性度的最佳方式。

想要白嫩肌肤，要改掉的错误洗脸方式

❀ 皮肤好不好，重点在于你会不会洗脸。 清洁皮肤是护肤的基础，也是最重要的环节，清洁不到位，会出现很多皮肤问题，也会影响后续上妆的效果。你洗脸时常犯的十大错误，认真改过的话，让皮肤白皙有光泽绝不是难事。

错误一： 不想洗脸

晚上因为太累了、太困了，所以不卸妆或者不洗脸上床就睡觉，洗脸拖到第二天早上。你可知道，污垢、废物留在脸上过夜，除了阻塞毛孔之外，也会导致脸部敏感、泛红或脱皮，每天如此，你的脸会粗糙长痘。

错误二： 不想洗手

很多人赶时间，手不洗干净就要去洗脸，这样会把细菌带到脸上，不但脸洗不干净，还会造成皮肤问题。

错误三： 不调试水温

过热或过冷的水会引起皮肤敏感，刺激毛细血管，使肌肤出现泛红等情况，一般选择恒温约30-32℃的微温水最好，若为油性肌，可调高至32-34℃帮助有效除油。

错误四： 不会用洁面乳

很多人在洗脸的时候都会直接把洁面产品涂在脸上，然后在脸上再进行揉开，这样会对皮肤造成摩擦，容易起皱纹，因为多数洁面品都需要加入水分才能发挥洁净功效，应先将产品在手心上加水揉开，再以打圈方法清洁脸部，这样才能有效去除毛孔内的污垢。

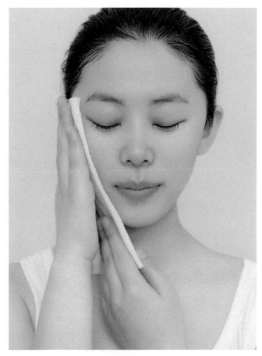

错误五： 不会清洁

为什么你的脸蛋总是白的，T区和两侧却很暗沉，严重的肤色不均，是因为你洗脸不认真，会忽略细节部分和死角，时间久了，会出现皮肤肤色不均匀、容易毛孔粗大和长痘、T区容易出油等症状。

错误六： 冲洗不净

脸上的洁面泡沫以为冲一遍就算冲洗干净了，其实答案当然是否定的，很多清洁产品需要多次冲洗才不会残留在肌肤上，冲洗至少2-3次，冲洗时也要配合打圈按摩才能彻底冲洗干净，鼻翼附近的死角更要特别注意。

错误七： 不去角质

因接触外在环境的影响，还有平时的饮食不均衡、生活作息不规律、熬夜、抽烟、喝酒、情绪等因素影响，常会使得新陈代谢速度减缓，不正常的代谢使得角质细胞无法自然脱落，厚厚地堆积在表面，导致皮肤粗糙、暗沉，所用的保养品往往也不被更好吸收，所以要定期地去角质。

错误八： 不卸妆

带妆睡觉是对皮肤最大的伤害，因为皮肤晚上的新陈代谢比白天还要旺盛，带妆睡觉会加速皮肤的老化，毛孔里容易堆积更多残留的彩妆品，造成毛孔堵塞和粗大，引起皮肤干燥和粗糙。

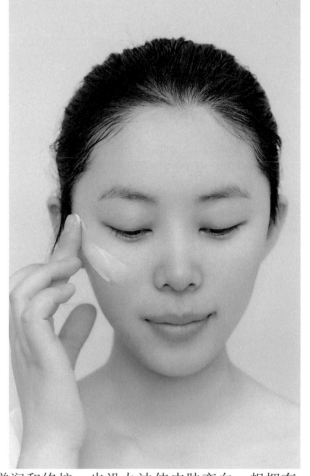

错误九： 错选洁面产品

不同的季节和不同的肌肤状态，肌肤都会出现不同的问题，所以要针对季节和自己的肤质选择适合的洁面产品非常重要，干性皮肤建议选择乳质的洗面产品，油性皮肤可选择泡沫型清洁力度比较强的洁面产品。

错误十： 不用美白产品

脸洗干净了没有后续美白产品的滋润和修护，也没办法使皮肤变白，想拥有白嫩美肌，后续就应该多选择具有美白功效的护肤品。

17 晒后修护的五个技巧

❀ 阳光中的长波紫外线 UVA，会使我们的胶原细胞和弹力纤维受损。使皮肤逐渐变得暗沉、长斑、干燥，皮肤会更容易有皱纹、粗糙、松弛的问题，衰老速度也会加快，如果晒伤，正确的修复尤为重要。

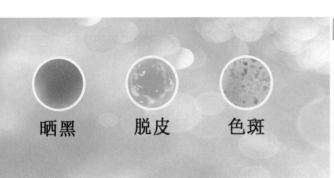

晒黑　　脱皮　　色斑

晒后修复：

1. 降温（晒后 1-3 小时）
2. 补水（晒后 3-6 小时）
3. 修复（晒后 6-48 小时）
4. 加强屏障（晒后 48-72 小时）
5. 温和美白（晒后 72 小时）

有些皮肤抵抗能力比较差的人群，经过紫外线的伤害后，会变得更加敏感，出现刺痛、瘙痒、发红。所以做好防晒非常重要，做好这一步，可以大大减少紫外线对皮肤的伤害。在晒后 72 小时黄金期内要尽快做好晒后修复，否则很容易就会留下各种皮肤后遗症！

❀ 如何进行晒后修复？

◉ 镇静舒缓

▶ A. 暴晒后的皮肤，会因为毛细血管扩张，整个发红发烫。要做的就是给肌肤降温，让皮肤镇静舒缓，这样可以有效地缓解晒后出现的红肿。冰敷是一种好的办法，但不建议长时间使用，毕竟过于刺激。

▶ B. 用冷水洗脸，给皮肤降温，洗好后要涂抹护保湿类肤产品给皮肤及时补水。

健康皮肤

晒伤皮肤

18 敏感肌的护理技巧

敏感

干痒
起皮
长痘

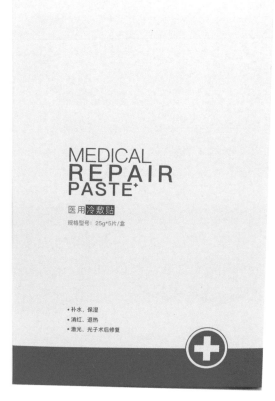

A. 选择温和的氨基酸洁面产品

B. 不要使用去角质的产品

C. 停止使用化妆卸妆产品

D. 可选择医用类型的面膜

E. 使用适合敏感肌的护肤品

（敏感肌护肤品推荐：雅顿、芙丽芳丝、珂润、薇诺娜、玉泽、至本、雅漾、理肤泉等）

19 防晒霜涂眼部的技巧

◉ 很多人认为防晒霜不能涂抹眼部周围，其实是可以的，正确的护理方式是不会造成眼周脂肪粒的，所以如果防晒霜用在脸上没问题，那用在眼周也是可以直接涂的。

◉ 眼部的皮肤薄而且更加脆弱，所以更要做好防晒，不仅仅是防晒霜，阳光下戴着太阳镜也是个很好的防护办法。

20 皮肤暴晒后是否能直接敷美白面膜

▶ 室外暴晒后，肌肤水分流失，干燥缺水，还会有发红的炎症反应，这个时候敷美白面膜会加大对皮肤的刺激。

▶ 正确的做法是先用补水舒缓面膜让肌肤得到降温和水分补充后，再敷美白面膜。

面膜是否能重复使用

▶ 一张面膜里有很多的精华是一次性用不完的，很多人会把用不完的精华存起来放着第二天用。打开之后的面膜，保质期很短，放到第二天使用会滋生细菌，给皮肤造成感染，打开的面膜要一次性用完，多出来的可以用来擦脖子、擦身体，不要留到第二天用！

开封很久的护肤产品的保存技巧

　　每个产品都是有自己的保质期的，在这个保质期内它的生物稳定性、化学稳定性都是要达标的，所以只要是正规品牌的产品，保质期内都可以使用。

　　但是防晒霜的成分体系比较复杂，防晒成分都是通过抵御紫外线来保护皮肤的，所以一定要避光，否则会容易失效，如果你的防晒产品已经开封，使用后最好避光（这里的光是指阳光）保存，这样就不容易出现失效的情况，如果过了保质期的话，则不建议继续使用。

防晒过期了怎么办？

正确使用蒸脸器的技巧

→ 每天使用蒸脸器不利于皮肤的健康。

→ 建议每周用 1 次，蒸完后肌肤会非常水润。

→ 如果频繁使用蒸脸器，反而会让皮肤丢失水分，变得干燥。

→ 因为首先喷纯净水本身没有任何锁水作用，其次因为热喷的温度高，长期热喷容易破坏正常皮肤的皮脂膜，使皮肤本身的锁水能力下降，从而导致干燥。

!! **建议：** 用蒸脸器，第一要将蒸脸器的温度控制好，第二不要每天使用。需要强调的是，敏感性肌肤最好不要使用蒸脸器，因为温度的变化很有可能刺激皮肤，造成敏感状态加重。

24 经常敷面膜的好处和方法

♣ 敷面膜主要起到保湿、渗透和锁水的作用。面膜覆盖在面部皮肤，可以提升角质层的水合状态，皮肤渗透性增加，从而提高营养成分的吸收；同时在敷面膜过程中产生的温热感和湿度作用下，毛孔内污垢和油脂更易排出，从而达到清洁效能。

♣ 但是面膜要科学选择适合自己肤质的成分，适度安排使用频率。

♣ 在日常护肤中，每周敷 2-3 次面膜是比较合理的。

25 洁面乳在脸上不要停留太久

🍀洁面乳主要是具有清洁效果，尽量不要长时间停留在皮肤上，如果你是油性肤质，可以在出油部位加强按摩30-60秒钟，时间太长会让肌肤过于干燥，形成干燥型油性肌肤。建议洗脸时间控制在1分钟左右。

不同肤质涂抹护肤品的最佳方法

干性肌肤

▶干性肌肤皮肤容易干燥缺水、角质堆积，导致护肤品不好吸收，所以要做好皮肤的保湿和角质代谢的工作。

▶ 最简单的就是在泡澡淋浴后，利用水蒸气已经浸润皮肤、毛孔打开的时候，进行温和的去角质，再敷上保湿面膜，然后用保湿精华和面霜完整地护理皮肤，有条件可以用家用蒸脸器。

敏感肌肤

▶皮肤比较敏感、比较薄，皮脂层不健康的肌肤，应该果断用能修复皮脂膜的产品。

老化肌肤

▶ 皮肤老化也会导致皮肤的吸收力下降，重点要加强皮肤吸收代谢的能力，需要用一些帮助皮肤锁水、抗氧化、恢复皮肤动力的产品。

27 医美护肤品和普通护肤品的区别

 医美护肤品

▶ A. 首先它在成分和生产的把控上会更加严格，比如成分比较精简，原料的筛选也很谨慎，用起来更加安全，而且在功效上也会有所不同，普通护肤品主要功能是养护，而医美护肤品属于功效性，针对敏感和问题皮肤有很直接和快速的效果。

▶ B. 医美护肤品大部分是械字号，而普通的护肤品则是妆字号。械字号不仅在生产环境上要求严格，而且不可以添加激素、酒精这类刺激性成分，特别适用于敏感性肌肤。

28 # 睡眠面膜的使用方法

> 睡眠面膜一般以乳液为主，是在睡眠时也可以持续使用的面膜，让皮肤在晚间也可以持续保湿和修护。

洁面完成之后，使用完爽肤水、精华液、眼霜，以及面霜之后再涂抹睡眠面膜乳液这样可以更好地帮助皮肤保湿和锁住水分，第二天一早清洗干净，皮肤会非常水润

防晒产品的选择技巧

❁ 防晒产品是皮肤的保护衣，是保护皮肤不受伤害的隔离层，但是防晒产品选择不当也会给皮肤造成负担和不良影响。

➡ A. 长居室内的人群，要选择 SPF 值 15 倍的防晒霜

➡ B. 长在室外的人群，要选择 SPF 值 30 倍的防晒霜

➡ C. 要去海边游泳或游玩的，要选择 SPF 值 50 倍的防晒霜

⚠ 注意：适当的环境要选择适合的防晒霜，如果室内选择防晒倍数太高的产品，容易给肌肤造成负担，不透气，就好比夏天穿棉袄一样的效果。

30 使防晒霜发挥最好效果的方法

▶▶ 防晒霜在护肤步骤中是用在面霜之后和散粉之前，但由于粉体可能会吸收一些化学防晒剂，从而破坏均匀的防晒膜。所以建议在等防晒霜涂抹 5 分钟，成膜之后再使用粉底液，最后上散粉。

女生养成"牛奶肌"的五个好习惯

A. 晚上喝一杯柠檬水

柠檬里面含有丰富的维生素 C、维生素 E 的美白成分，可以有效对抗肌肤底层的黑色素。可需要注意的是，白天喝柠檬水，没有晚上效果好，如遇到强烈的太阳则会被晒黑，因此建议在晚上喝一杯柠檬水，轻松美白嫩肤。

B. 定期去角质

我们的皮肤上是有很多角质层，你是否使用很多昂贵的护肤品，但却没有成效？这就很有可能是你老化的角质层阻挡你肌肤对营养精华的吸收，只能吸收一点点的精华营养。我们可以使用磨砂膏定期去除角质，还能更好地促进皮肤的新生。

C. 坚持涂防晒霜

防晒是美白的重要功课之一，也能够为后续的美白打下坚实的基础。在出门之前涂防晒霜，可以帮助肌肤抵御紫外线的侵害，还可以加上物理防晒的方法，穿上防晒衣或带一把遮阳伞，或者戴太阳镜都是很好的防护方法。

D. 美白精华

美白除了防晒之外，还要再使用含有美白成分的产品相配合，可以减少脸上的晒斑、色素沉淀，还需要注意的一点就是，敏感肌的女生可能对一些美白精华不是很适用，所以要选择不含酒精类的产品为好。

E. 早上喝一杯纯牛奶

每天早上喝一杯纯牛奶，不仅可以美白，同时还能够补身体的营养。纯牛奶还可以用来制作牛奶面膜，美容养颜。长期使用，更可以得到一个水润的"牛奶肌"。

32 涂抹面膜 VS 贴片面膜的选择

❀ 涂抹面膜 VS 贴片面膜

两种面膜没有本质性区别

因为都是通过封闭作用起到一定效果

贴片式面膜相对来说便于携带

涂抹式面膜的优点，在于涂抹时局部贴合性更好

洗脸坚持做到"三点"洗出好皮肤

❀ 清洁皮肤是护肤中的基础，如果脸部经常清洁不干净的话，时间久了，脸上的痘痘跟黑头就会慢慢变多了，而且还会引起毛孔堵塞等各种皮肤的问题，因此在日常清洁皮肤的时候，坚持做到以下三点，一段时间后你会发现，痘痘没了，黑头也变少了。

第一点： 用温水洗脸

有些人洗澡的时候喜欢开很热的水，顺便把脸也洗了，有些人又喜欢直接用冷水洗脸，这是两个极端，太烫的水会导致皮肤干燥，长期用热水洗脸会把皮肤上的水分带走，容易让皮肤变粗糙，过凉的水也不利于打开皮肤毛孔。所以说，用温水来洗脸才是正确的，因为温水有助于打开我们皮肤上的毛孔，同时还不易破坏皮肤的自然屏障，不会刺激到皮肤。尤其是敏感肌，坚持用温水洗脸，也会达到健康、不泛红的状态；可以说是天然的护肤品了，而且用温水洗脸的时候，能在一定程度上舒缓身体和肌肤的疲劳，可谓是一举两得。

第二点： 用一次性洗脸巾擦脸

很多人洗完脸以后，都习惯用毛巾来擦脸，建议大家不要这样做了，因为毛巾长期放在潮湿的浴室，会隐藏及滋生细菌，堵住皮肤毛孔，导致皮肤长痘痘，严重的可能还会过敏，再加上擦脸这种来回摩擦的方式，不仅容易让皱纹加深，时间久了，皮肤状态就变差了，黑头也变多了，所以使用一次性擦脸巾比较安全。

第三点： 定期去角质

由于皮肤长期裸露在外面，表面附着不同层次的污渍，尤其是一些油性皮肤的人，更容易出现角质层过厚的情况，从而影响皮肤吸收护肤品的营养，时间久了面部就会出现暗黄、出油和加速衰老的状态。

打开身体的封锁，让能量流通

幸福和美好的缘分，自然而然地随之而来

——美的缔造者 曲爱琳

女士化妆篇

我们希望

注重美妆造型的整体和谐，

细心解构妆造与光影的立体关系，

聚焦面部轮廓，重新定义五官。

同时，尊重个体特色的唯一性，

在保留原生感的基础上，大胆突破传统设定，

糅合精湛彩妆技艺，

从简单自然中获取更多个体惊喜。

靓丽微闪妆需要掌握的要点

A. 底妆要点

选择亚光质感的和遮瑕力比较强的粉底液，来遮盖痘印、斑点和黑眼圈，因为微闪妆主要集中在眼部和唇部，所以脸部不要有过多的光感和油光，会造成重点不突出、满脸出油的效果。

B. 眼妆要点

选择亚光质地的眼影晕染结束后，再选择珠光质地的眼影涂抹眼睛中间突起的部位，最后找到卧蚕的位置，用珠光笔打亮卧蚕。

C. 唇妆的要点

先选择亚光质地的唇膏打底，然后选用唇釉叠加，最后选用果冻质感的润唇膏增加光泽度。

35 果冻质感的玻璃唇的打造

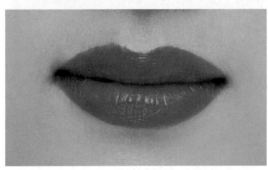 

第一步：用透明色润唇膏打底滋润唇部。

第二步：把唇线画好，塑造唇部轮廓。

第三步：涂上浅豆沙色的唇膏，由外向内均匀涂抹。

第四步：涂抹高光泽度的唇膏或者含珠光的浅色唇彩，重点涂抹上下唇的中间部位，增强立体感。

36 逆龄妆容的六个要点

💜 A. 选择比皮肤浅一号的妆前乳来提亮肤色。

💜 B. 尽量选择咖啡色眼线笔对上下眼线进行修饰，下眼线颜色要比上眼线浅。

💜 C. 在 T 字部位，还有颧骨上方和眼袋下方，涂抹带有珠光的粉底。

💜 D. 腮红位置不能太低，尽量打在苹果肌或者苹果肌上面的位置。

💜 E. 唇妆尽量选择粉色系或者橘色系唇彩，增加年轻感。

💜 F. 颜色暗沉部位要遮盖，比如鼻翼、眼角、发际线以及唇边都要用遮瑕膏

💜 进行提亮遮盖。

37 立体仿真眉毛画法只需两步技巧

A. 修眉技巧

先把眉尾下垂部分的杂毛修除，把低于眉头的部分
杂毛修除，眉峰明显的，不要留有明显的尖角。眉
峰下方的杂毛要保留，以免弧度太大。

B. 画眉技巧

选用眉粉刷出眉毛底色，眉头要略低于眉尾，把眉头
下方的空白处填满，眉头和眉峰的粗细要差不多，
眉毛稀疏的位置用眉笔填充，用染眉膏先逆刷再顺
刷，让眉毛均匀上色，最后梳顺眉毛，让眉毛有根
根分明的充盈感和立体感。

38 手指，刷子，美妆蛋？

三者上妆效果的不同选择

◆ 遮瑕力：首选美妆蛋

◆ 滋润度：首选粉底刷

◆ 清爽度：首选美妆蛋

◆ 均匀度：首选粉底刷

◆ 光泽度：首选粉底刷

◆ 干性皮肤：粉底刷

◆ 油性皮肤：美妆蛋

◆ 手指涂抹是最不推荐的

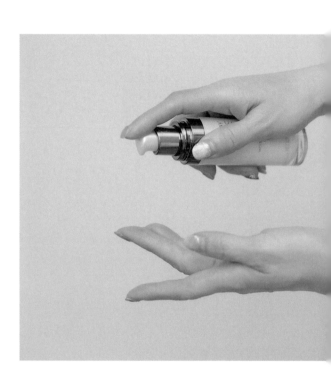

39 # 快速完成妆容的小秘诀

A. 巧用眼线笔，在睫毛夹上面用眼线笔涂上颜色，夹睫毛的时候，眼线就直接画上去了。

B. 快速涂抹粉底液，主要在 T 区，靠近鼻子和脸颊部位，用粉底刷或者海绵蛋放射形由内向外均匀推开，这样既可以遮盖黑眼圈，又可以遮盖鼻翼泛红的地方，达到自然的效果。

C. 让妆容服帖有光泽，除了用高光使五官更加立体之外，上完底妆之后再喷上一些水，可让妆容更加服帖，不容易有浮粉和脱妆的状况。

D. 快速烟熏眼妆：想要拥有深邃的大眼睛，有个绝招，用眼影涂抹在眼皮折痕以内，用深一点的眼线笔画眼线，然后用眼影刷把眼线推开，呈现出渐层的烟熏妆。

E. 让唇彩更持久：上唇膏后，用一张纸巾放在唇上，然后用蜜粉刷在上面，就能让唇膏更持久，又不会干燥。

F. 让眼神明亮：很多时候会熬夜，睡眠不足看起来眼睛没精神，需要遮瑕打亮眼下部位，或者在卧蚕上加一点米色珠光眼影，增加光泽感，瞬间有点亮眼睛效果。

G. 加热睫毛夹：用吹风机吹热睫毛夹，就可以快速把睫毛夹翘，可以维持一整天。

妆容精致一整天的三大定妆方法

◆ 三个定妆法则

干皮肤定妆法：

等整个妆容完成后，全脸喷上定妆喷雾，这个方法在控油的基础上还能增加水润度。

烘焙定妆法：

底妆完成后，在爱出油的部位（鼻子、额头等）扑上一层厚厚的散粉，等吸收3-5分钟之后，用刷子把多余的散粉刷掉，这样底妆可以坚持一整天。

三明治定妆法：

三明治定妆法其实就是调换散粉和底妆的顺序，上完隔离或妆前乳后，先全脸扫上一层薄薄的散粉，然后再上粉底。底妆完成之后再用散粉全脸定妆。原理是在粉底之前先用散粉抚平毛孔，然后上底妆和定妆。这样不仅不会卡粉，而且底妆更持久更控油，适合油性皮肤的人群。

魅力大眼妆的三款画法，
                                    收进技能盒

◆ 第一款

→ Step 1：用浅色眼影在眼窝大面积涂抹，
做眼部打底。

→ Step 2：用棕色眼线笔在贴近睫毛处画
一条细细的上眼线，在眼尾位置微微加粗
并延长。

→ Step 3：在眼线上方涂抹咖色眼影，与
眼线重合晕染，使眼线与眼影过渡自然。

→ Step 4：在眼尾再画上一条细细的棕色
眼线，具有"开眼角"的效果。

→ Step 5：用咖色眼影在下眼睑靠近眼尾
的位置涂抹，加深眼睛轮廓。

→ Step 6：在下眼睑中间的位置涂抹上
金色散粉，打造卧蚕效果，让眼睛看上去
更加饱满，更有神韵。

→ Step 7：涂上睫毛膏，让上下睫毛更纤
长，增大眼睛，增添俏皮感。

◆ 第二款

➡ Step 1：用浅砖红色珠光眼影在上眼皮处晕染。

➡ Step 2：下眼睑处也用浅砖红色眼影晕染。

➡ Step 3：沿着上睫毛根部用金色珠光眼影在上眼皮的中部晕染。

➡ Step 4：用眼影刷将金色珠光眼影向外围晕染开。

➡ Step 5：用眼影刷上的余粉在卧蚕处晕染，珠光效果能有效突出卧蚕的位置。

➡ Step 6：用棕色眼线笔沿着上睫毛后半段根部画一条眼线，眼尾拉长上扬。

➡ Step 7：给上下睫毛刷上睫毛膏。

◆ 第三款

→ Step 1：上眼皮位置用浅香槟色珠光眼影打底。

→ Step 2：上眼皮靠近睫毛的 2/3 区域用树莓色珠光眼影晕染。

→ Step 3：下眼皮也用树莓色珠光眼影晕染，首尾两端颜色稍深一些，瞳孔正下方颜色浅一些。

→ Step 4：用白色珠光眼影将瞳孔正下方的眼皮提亮。

→ Step 5：用棕色眼线笔沿着上睫毛根部画一条眼线，眼尾适当拉长。

→ Step 6：上眼皮的双眼皮褶皱内以及下眼皮眼尾三角形区域用红棕色眼影晕染。

→ Step 7：分三段将睫毛夹卷曲上扬，再把上下睫毛都刷上睫毛膏。

四款最流行唇妆画法，选对口红是关键

◆ 第一款

🫦 果冻唇妆

像果冻一样有光泽，适合夏天，显得唇部丰满，适合唇薄美女，元气少女风格，缺点是容易粘杯，颜色最好选择粉嫩的色号。

💗 打造方法：

Step1：选择一款适合自己的口红颜色，满涂双唇，处理好唇部边缘轮廓。

Step2：选择一支珠光透明的或者浅色的唇釉，叠涂，在唇峰处加强，使唇部更立体饱满。

◆ 第二款

🫦 3D唇妆： 选择雾面口红

用高光唇彩在唇峰和下唇的两侧边缘打亮，营造出立体效果。

💗 打造方法：

Step1：先用裸色唇膏打底。

Step2：接着在上下唇化V字型涂抹唇膏，还有唇部内沿涂上粉色唇膏。

Step3：剩下的区域打亮，可以用唇部的打光笔或是珠光眼影轻点。

Step4：最后把嘴角的微笑曲线再勾画一下，让弧度更明显！

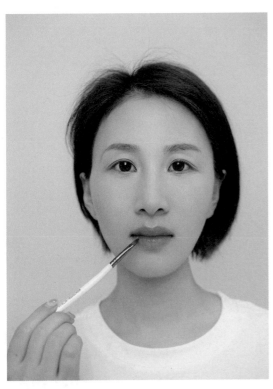

◆ 第三款

👄 咬唇妆： 选择雾面口红

用高光唇彩在唇峰和下唇的边缘打亮，营造出立体效果。

💗 打造方法：

Step1：先用裸色唇膏打底。
Step2：接着在唇部内侧涂上你喜欢的唇膏颜色。
Step3：然后用唇刷或是直接用手指将唇部内沿的唇膏向内向外围晕染即可。

◆ 第四款

👄 M 型唇妆

M 型唇妆的特点是上唇边缘有类似 M 字型的明显弧度，画时要突出唇峰部位。欧美妆容比较喜欢画这种唇部线条明显的唇妆。这是最强势的一款唇妆，适合谈判，选择雾面口红很适合。

💗 打造方法：

Step1：用唇线笔将上唇及下唇轮廓描出来，尤其是唇峰位置要画出 M 型。
Step2：勾勒出整个唇型并涂满口红。
Step3：用遮瑕产品修饰唇部的周边轮廓。

43 睫毛短，秒变卷翘长睫毛的四步技巧

◆ 很多人刷睫毛总是效果不好，其实刷睫毛还是有很多小妙招的，今天我们就来跟大家分享一下关于刷睫毛的秘诀。

➡️ 第一步： 先用睫毛梳梳理睫毛
用睫毛梳梳顺睫毛，后续刷睫毛的时候会避免苍蝇腿现象的出现。

➡️ 第二步： 睫毛要分段夹
首先，先用睫毛夹夹翘睫毛根部位置，等待 10 秒钟就好了，再夹翘睫毛的中间位置，等待 10 秒钟，这样的方法会让睫毛更卷翘，容易掉下来是因为中部没有夹而造成的。

➡️ 第三步： 刷睫毛要走 Z 字型
Z 字型刷法可让睫毛的每个部分都刷到睫毛膏，而且不容易造成苍蝇腿，可以让睫毛根根分明，更加浓密。

➡️ 第四步： 再次用睫毛梳
睫毛膏完全干了之后，可以用睫毛梳再次梳理一下睫毛，让睫毛的"根根分明感"更强。

❤️总结：
想从短睫毛变成睫毛浓密卷翘的美女，
只要具备以下几点：
◎ 一支好用的睫毛膏
◎ 一个好用的睫毛夹
◎ 一手很棒的夹睫毛技术

贴了双眼皮贴，画眼影
既自然又隐形的技巧

💛 在使用双眼皮贴或者胶水的时候，如果一不小心，就会在闭眼的时候看起来反光，尤其是贴了双眼皮贴的地方更为明显。这种情况下，尽量使用没有珠光的亚光眼影，才会解决明显的问题，使得妆容更自然。

上完散粉定妆后，

　　　　脸上的粉质感很重的拯救方法

➡ 第一步：

用干净的余粉刷或者散粉刷，把刷子的笔尖朝下慢慢刷掉脸上的余粉就可以了。

➡ 第二步：

用珠光感的腮红涂抹在 T 字区和苹果肌处，显示皮肤的光泽感，减轻皮肤的厚重感。

肤色暗淡，提亮肤色的化妆拯救技巧

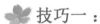 技巧一：

这个问题需要在上粉底前就解决，使用
具有调整肤色作用的隔离霜，增强脸部
的饱和度，让肤色看起来亮一些，然后
再上底妆。

技巧二：

如果你没有血色、面部发青、饱和度较
低，用可以增加红润度的橘色隔离产品
就可以了。

技巧三：

如果你面部有点发黄发暗，总觉得脸部
暗沉，用能提亮肤色的紫色隔离霜就可
以了。

粉饼和散粉的效果区别和选择技巧

粉饼

粉饼的作用是固定，也就是定妆和补妆。而遮瑕和白皙都是辅助作用，比较适合油性皮肤的人群。

散粉

散粉主打的是轻薄自然，适合干性皮肤的人群。

*选择定妆主要根据当天妆容的风格，是想要遮瑕力强的，还是想要透明、轻薄，按照自己需求选择就可以了。

48　遮掉雀斑的最有效的方法

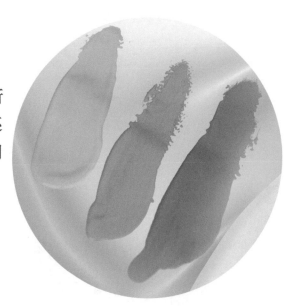

◆ 根据雀斑的种类，解决方法会有所不同。需要知道这个雀斑是痘印，还是分布在整个脸部的雀斑。根据不同的特性，选择的遮瑕产品也会不同。

▶ 如果你是痘痘肌：
推荐使用质地稍厚重的、遮盖力比较好的膏状粉底产品。

▶ 如果你是雀斑皮肤：
推荐选择比较稀薄、能让脸色呈现净透肤感的粉底液，再使用遮瑕效果好的遮瑕产品，重点涂抹在雀斑部位，就可以轻松遮盖了。

想要化好腮红，

　　选择腮红和上妆顺序是关键！

膏状腮红

粉底→腮红→散粉

这样的顺序使膏体腮红涂出来的效果清透，不厚重。

粉状腮红

粉底→散粉→腮红

这样粉状腮红涂抹的效果才会自然和持久。

液体腮红

粉底→腮红→散粉

液体腮红虽然上妆效果最自然，不过要注意涂抹的位置和均匀感，尽量选择用手指点涂。不过也可以选择气垫腮红，跟气垫 CC 一样，找准位置，上妆比较好掌控。

眼妆画法的最强攻略，

让你的眼睛瞬间变大！

◆ 眼睛是心灵的窗户，一双灵动的大眼睛总能让人心动，所以眼睛的妆容极其重要，如果先天条件不怎么好，可以通过化妆让眼睛看起来更加动人。

❀ A. 会画眼线的重要性

眼线是塑造精致眼妆的必备武器，更是体现眼部神韵、提升个人魅力的重要因素。运用咖啡色、黑色眼线加强眼睛立体感，在睫毛的空隙间补上内眼线和外眼线，眼尾处可轻轻上扬，不仅时尚，还可以让眼睛看起来又大又圆。

❀ B. 用色彩渐变的方式画眼影

眼影是眼部化妆必不可少的一部分，通过明暗的色彩基调效果来增加眼部立体感，眼影若以颜色渐变的方式，可表现单眼皮或小眼睛的立体感，在靠近眼睫毛的地方和双眼皮的内侧把眼影从眼角向上涂抹晕开，直至眼窝处，再用较深的眼影在眼尾加强轮廓，眉骨处可使用白色珠光眼影打些高光，通过明暗的对比，看起来更加立体。

❀ C. 眼影颜色的选择很重要

眼影颜色有很多种，选择的重点是要根据肤色、眼睛类型以及妆容风格而定，使用咖啡色调的眼影能使眼睛放大，具有深邃的视觉效果。如果选择粉色调、紫色调则可增加眼睛的明亮度和年轻感。

D. 眼窝增加深邃度和立体感

单眼皮或小眼睛以及肿眼泡的女性的眼窝通常不是很明显，要改变这种状况也很简单，使用深色系眼影在眼窝深邃位置画上浅浅的一条弧线，用刷子晕开，再使用颜色较浅的眼影画在双眼皮内侧，通过层次感来增强立体效果。

E. 用珠光色增强立体效果

用眼影刷蘸取适量的珠光眼影，把它刷在眉骨和上眼皮的中间位置，以及下眼睑的卧蚕位置，会让眼睛变得又大又有神。

F. 用珠光粉打亮内眼角

用小号刷子蘸取适量的含有珠光质感的银色或者是白色的眼影粉，把它小范围地涂抹在眼头的位置，打亮眼头。凸显眼头的亮泽度，蘸取浅色系腮红粉打亮较为暗沉的泪沟处，让眼睛有拉长的效果，使眼睛更大更圆。

G. 用假睫毛放大双眼

假睫毛也是展现女人魅力的重要工具，正确使用假睫毛，将直接影响到眼妆的化妆效果，可以针对自己本身的睫毛，选择一款更符合自己的假睫毛。若本身睫毛浓密，那么使用带有拉长效果的睫毛膏就可以让眼睛更为卷翘深邃。但若是睫毛属于稀疏型，则可试着使用假睫毛来弥补填充，选择交叉型假睫毛可以增加密度。亚洲人的睫毛一般是以下垂型为主，所以我们想要打造明亮大眼，需要从睫毛的根部，用向上提拉的手法涂刷睫毛膏。

H. 用睫毛梳梳理睫毛

在粘上假睫毛和涂好睫毛膏之后，我们可以用极细的睫毛梳来刷开我们的睫毛，打造根根分明的感觉，让睫毛呈现出自然卷曲的状态。

I. 改善暗沉色调

用粉刷蘸取适量的光泽蜜粉，把它涂抹在眼尾C字区域，这样子就能够让眼角下垂和眼尾细纹的情况得到改善。

J. 粉底要轻薄自然

眼睛部位的粉底要轻薄，选用散粉质地的定妆粉定妆。

最后，一个精致美丽的眼妆就完成了，想要一双既深邃有神又迷人大眼睛的女性不妨根据以上的方法试一下！

肿眼泡矫正技巧，让眼睛明亮有神

◆ 肿泡眼

这种眼睛类型在画眼妆时，眼睛容易显肿、显小，一些浅色和艳丽的颜色不敢使用，以下五个眼妆技巧，快速解决肿眼泡问题。

 肿泡眼眼妆

TIP 1： 选择打底色很重要

肿泡眼人最重要的就是打底，建议使用亚光的浅咖啡色眼影做打底，这样能够更好地消肿。如果想要看起来更深邃，可以选择带有一点点灰调的颜色。

肿泡眼眼妆

TIP 2： 选择好重点修饰部位

选择好打底颜色之后，有两个最容易显肿泡的地方一定要做修饰，第一个是鼻子山根靠近内眼角的凹陷处，第二个则是眼尾处。晕染这两侧能够让眼型变长，肿泡程度也会减弱。

肿泡眼眼妆

TIP 3： 整体眼影晕染形状呈三角形

接着在上眼影主色时，形状需要呈现上方偏高偏尖、两侧倾斜偏低的三角形状，这样能够增加眼睛高度，就算使用容易显肿的粉色、橘色、珠光感眼影，也不会很明显。

肿泡眼眼妆

TIP 4： 眼头、 眼尾重点修饰

在眼头内眼角处使用浅咖啡色眼影晕染，
眼尾处则在下眼睑的地方画眼线并晕染开，
这样能在视觉上打开眼尾，也让内眼角
更开阔。从而有放大眼睛的效果。

肿泡眼眼妆

TIP 5： 睫毛膏不能少

睫毛膏必不可少，睫毛膏能够有效放大
双眼，使眼睛更加有神，这样就完成了
完美的眼妆。

总结： "肿泡眼" 眼妆画法

‼肿泡眼的上眼皮看起来比较厚，也较浮肿，因此不适合颜色太过鲜艳或是珠光色系
的眼影，那会让眼皮看起来更肿、显小。建议选择亚光的大地色眼影，用浅色将眼窝
涂满后，再以深色眼影加重眼尾与下眼角部位，最后搭配上内眼线，就是一款既消肿
泡又干净的漂亮眼妆了。

52 下垂眼、上挑眼（凤眼）、平行眼等 调整眼型的眼妆技巧

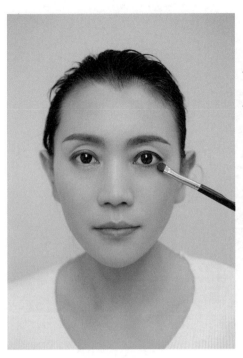

◆ 上挑眼型

调整眼型技巧： 重点修饰眼尾

上挑眼型最重要的就是调整眼尾的角度！所有晕染方向都可以朝向外眼角，因为眼妆宽度增加，相对眼睛的上挑感就会下降，下眼线和眼影颜色要深些，这样就可以减少眼睛上吊的感觉。

◆ 平行眼型

调整眼型技巧： 圆形晕染＋下眼睑虚眼线

平行眼算是比较不挑眼妆的眼型，但如果是眼睛比较大的平行眼，没画眼妆很容易显得无神。使用雾面浅咖啡色眼影先在眼头和眼尾整体画圆晕染，这样能让眼窝更加深邃，下眼睑则用深咖啡色画出虚眼线，这样能达到大眼睛的效果，也能制造清纯可爱的感觉！

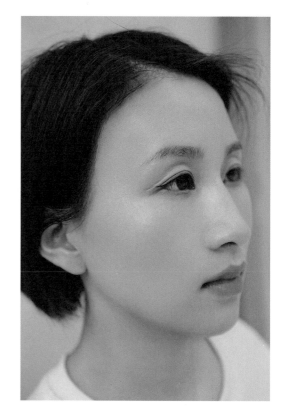

◆ 下垂眼型

调整眼型技巧： 上挑眼线＋上睫毛修饰

👁 这款眼妆重点放在眼线的高度，重点修饰在眼尾，从下眼睑往上的延伸线就是眼线位置，从此处拉长眼线即可。

除了眼线之外，将上眼尾的睫毛刷长，也能帮助放大眼睛，让眼睛高度提高。

刷出根根分明的自然仿真睫毛的方法

A. 夹睫毛

正确的夹眉毛要分三段式夹，先紧贴睫毛根部夹一次，在睫毛中部，用睫毛夹呈45°再夹一次，最后呈90°在睫毛尾部夹一次，重点是要用手腕的力量，把睫毛向上提拉，这样的睫毛卷翘得会很自然。

💜 小贴士：有条件的话可先将睫毛夹预热，这样定型效果更好。

B. 睫毛打底

睫毛打底主要起到对睫毛的保护作用，睫毛在上妆卸妆的时候难免会受到损伤，在上睫毛膏之前最好使用睫毛保护液。

💜 小贴士：如果没有入手睫毛保护液，可以用凡士林替代，凡士林可是万能的美容小助手。

C. 涂睫毛膏

用手把眼皮向上提拉，这样比较容易看到睫毛根部，用睫毛膏按照前、中、后分三段，用"Z"字型涂刷，要刷到每一根睫毛，刷睫毛的时候要一气呵成，最好不要重复刷，否则容易有结块情况出现，如果有不均匀需要重补的地方，用刷头尖部，与睫毛呈 90°夹角进行补妆。

♥ 小贴士：如果想要让睫毛更加立体，在上睫毛膏之前先刷上一层散粉，散粉可以吸附睫毛膏，使睫毛更加浓密立体。

⚠ 注意事项：

① 新手刷睫毛，可以利用小勺子遮挡住眼皮，避免弄脏眼部周围。

② 刷睫毛时失手是难免的，可以用棉花棒蘸取卸妆水擦掉晕染部分。

③ 从睫毛刷抽取的时候不要为了蘸取更多反复抽取，这样会使更多的空气进入睫毛膏，使膏体加速变干，影响睫毛膏的寿命，正确方式是先旋转一圈再抽取出来。

④ 睫毛膏刷完之后在眼周补上散粉，既可以让睫毛更加持久，又能掩盖刷睫毛之后的熊猫眼。

54　想要呈现不同效果的睫毛妆感，
　　　　　　要会选择睫毛刷

自然形刷头

▶ 入手最多的睫毛膏刷头就属这款了。如果想要刷出自然又流畅的睫毛，这款刷头相当适合。但要注意刷睫毛时，重点在根部的地方，要少量多次，否则睫毛尖端会残留过多的睫毛膏，破坏睫毛整体的自然流畅度，达不到卷翘的效果。

螺旋形刷头

▶ 螺旋形刷头，采用独特的交织工艺，这类刷头能够紧密包覆每根睫毛，刷上时，如同帮睫毛上了电卷，眼睛瞬间加倍放大且更深邃有神。

纤长形刷头

▶ 这类的刷头较稀疏且很短小，让睫毛可以一根一根分开刷，使用这类睫毛刷头，要一次一根均匀地从根部刷上去，可以塑造根根分明的太阳花般分散的效果。

浓密丰厚的刷头

▶ 这款浓密型的刷头刷毛比较浓密，使用起来能加大加宽整体睫毛的面积。而这种类型的刷头就很适合用 Z 字型刷法，均匀地从睫毛根部的地方一直刷到睫毛尖端的地方，使睫毛 360°完全被刷到，创造超浓黑 3D 立体的睫毛。

仙人掌形刷头

▶ 这款毛刷如同仙人掌般的形状，功能是强化眼头及眼尾的细毛，一般刷睫毛时无法使全部睫毛都刷到，用这款处理细节部位，能将睫毛塑造得更加完美且细致。

下睫毛的刷头

▶ 下睫毛通常较稀疏、精细和柔软，选用迷你的刷头比较合适，如果想要让下睫毛看起来明显立体的话，要蘸取少量睫毛膏，把刷头垂直向下刷睫毛，就能塑造大眼的效果。

想要颜值瞬间提升，化妆只需多添一笔

◆ 注：总觉得自己的妆感普通，没有亮点，画了跟没画也没有太大区别，一方面可能是没有重点突出某个部位的妆效，另一方面可能是忽视了很多小细节，不要小看这些小细节，多画一笔就能点亮整个妆容，让你的颜值翻倍，以下就为大家分享彩妆小细节，很多都是连专业化妆师都偏爱的化妆技巧。

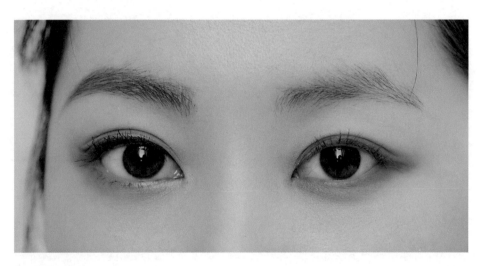

A. 不要忽视画内眼线

很多女孩画眼线时只是紧贴着睫毛外缘画一条眼线，而不画内眼线，这样会显得眼睛没神采，所以一定要画内眼线，可以将眼皮轻轻挑起，在睫毛的根部和沿着睫毛内侧一笔一笔慢慢描画不必太粗，注意不要戳到眼睛。

B. 一笔卧蚕打造萌眼

卧蚕是减龄和大眼利器，尤其是日韩女孩都爱画卧蚕妆，首先用卧蚕笔在离下眼睑 5 毫米的位置画一条浅浅的线条，轻轻晕染开，然后用金色珠光眼影或白色珠光眼影填满，注意长度不要超过眼尾，颜色不要太重，少量多次涂抹。

C. 水润嘟唇不能少

拥有水润亮泽的唇妆，让薄唇变得丰盈水润的方法就是在唇峰处和下唇的中部轻轻涂上浅色或透明色的唇彩，可以打造出嘴唇上翘的嘟嘟感和水润感。

D. 上扬的眼线

想要魅力眼妆，眼线的重要性不可忽视，只需画眼线时在眼尾处上扬，加重眼尾部眼线的宽度，就可以轻松打造大眼效果。

E. 立体鼻侧影

想要五官立体精致，眼部轮廓更加立体，用眉粉或修容粉轻轻在内眼角和鼻根中间晕染涂抹，就能让眼睛更加深邃，有立体感，注意颜色不要太深。

白、净、透妆容的粉底涂抹技巧

❶ 画完底妆后，用保湿喷雾喷在皮肤上，可以让粉底更加服帖，皮肤更加水润。

❷ 用气垫 BB 再按压一遍，底妆会变得非常通透服帖！

❸ 在粉底液或 BB 霜里加一滴玻尿酸原液，底妆会很滋润，不会干燥，也可以把保湿乳液和粉底混在一起涂抹，会比较滋润和自然。

❹ 护肤程序完了之后，等 10 分钟再开始上底妆更加服帖，在 T 区和苹果肌处可以使用提亮液，使皮肤看上去更加有光泽。

❺ 选用潮湿的海绵粉扑，蘸散粉或者粉饼定妆，会呈现雾面的质感。

❻ 在乳液里用 2 比 1 的比例混几滴橄榄油或保湿面霜，重点涂抹 T 区，不能全脸涂抹，此方法适合干性皮肤人群。

掌握遮盖斑点的技巧，

瞬间让皮肤干净清爽

斑点颜色浅

上完底妆后，选择接近底妆颜色的遮瑕膏进行遮盖。只点在小雀斑上，再用刷子慢慢把边缘晕开与底妆融合，使其没有边界。注意遮瑕一定要少量多次遮盖，要一层一层来，不够再来一层，涂抹过厚，会显得粉底不够通透。

斑点颜色深

如黄褐斑、老年斑等，底妆前要选用接近肤色的遮瑕膏遮盖，然后上底妆，再选用和粉底颜色相近的遮瑕膏再遮一遍。最后再用海绵蛋或者粉底刷按压使其服帖，完成之后一定要定妆，否则容易脱妆。

选择适合你的遮瑕膏和涂抹方法

 红痘痘

在上底妆前先用绿色的遮瑕膏遮盖痘痘，再选用接近肤色的遮瑕膏遮盖，最后再涂抹按压一次粉底液，使其融合服帖。

黑痘痘

上底妆前先用黄色遮瑕膏薄薄盖住，再上底妆，然后选用和底妆颜色一致的遮瑕膏再次遮盖，最后再按压一次粉底液，使其更加融合服帖。

⚠️**注意：**

不做底妆前的遮盖和修饰，很容易造成遮瑕遮不住。

内双眼线小技巧，

　　　　让眼睛瞬间又大又长

➤ **A. 内双的眼睛**

用眼线笔只画眼尾用刷子晕开拉长眼尾。再选用非常细的棕色卧蚕笔画出卧蚕，有使眼睛变大的效果。

➤ **B. 内双油眼皮**

比较容易出油的，先要用散粉进行眼部定妆，再选用眼线液或者眼线胶笔描画。

➤ **C. 单眼皮**

画眼头处的眼线可以向鼻梁处稍微拉长一点，眼尾眼线轻微上扬，再涂下眼线，眼睛会有拉长变大的效果。

60 油性皮肤画眼妆，不晕妆的小技巧

◆ 画眼妆前要用散粉定妆，保持眼皮的干爽度，选择眼线液笔或者眼线胶笔，油皮就能长时间不晕妆了。

A. 想要睫毛翘，可以用吹风机热风吹一下睫毛夹，等到睫毛夹温度升高，皮肤能接受的温度，夹睫毛会很容易卷翘！

B. 刷睫毛膏之前，先用睫毛定型液给睫毛定型，再涂睫毛膏不容易脱掉。夹翘的睫毛也不容易变形。

C. 睫毛膏 Z 字型刷法可以把睫毛刷得更加的浓密，适合睫毛稀少的人群。

D. 可以选择深咖啡色的眼影画眼线，用小号片状刷子沿着睫毛根部画出眼线的弧度和形状，会更加自然，不容易晕妆。

让唇部更加丰满的唇膏涂抹的六个技巧

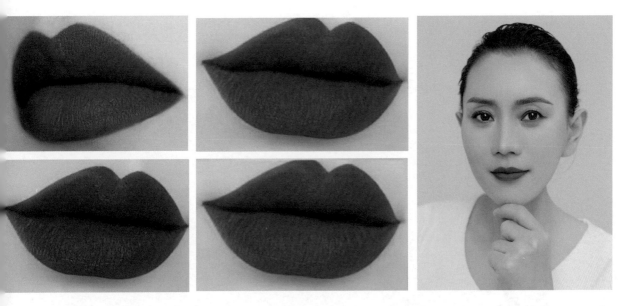

A. 想要口红持久不脱妆不粘杯，在涂完口红后，用散粉按压定妆，然后再涂一遍口红就可以维持妆感。

B. 要保持唇部的滋润感，先用滋润唇油涂抹，然后用纸巾稀释一下，再涂抹有色的唇膏。

C. 在上嘴唇正中间唇峰的位置上抹一点高光粉再上口红，嘴巴会看起来有立体感，下唇的中间部分也涂抹点高光，可以增强唇部的饱满效果。

D. 丝绒质感的口红可以涂眼影、腮红、嘴唇，这是一品多用的方法，也是快速化妆技巧。

E. 由于每天都画口红或唇彩，嘴唇很干，容易起皮，所以每天睡前要厚涂唇膏，再睡觉，第二天的嘴唇就会滋润饱满哦。

F. 涂完唇膏再在嘴唇内侧及中间点涂唇彩或者唇釉，嘴唇看起来会更有层次感，会更加饱满。

妆容干净有层次的化妆技巧

◆ 精致的妆容，定妆是基础，它决定了妆容的服帖度和精致度，定妆产品主要分为散粉和粉饼，散粉妆感会显得比较自然，用粉饼妆感有显厚重的效果，想要呈现最好的妆容效果，需要在化妆工具和涂抹手法上进行解决。

🌸 技巧 1：

在上粉饼的时候把刷子和海绵结合起来用

➡ 在大面积的范围用刷子蘸取粉饼上妆，在毛孔明显的地方用海绵上妆。因为刷子的抓粉能力要比海绵弱，一次性取粉不会太多，更好把控上粉的量，这样刷出来的底妆也能薄厚均匀。

➡ 而海绵上底妆，遮瑕效果比较好，能够遮住脸上毛孔粗大的地方，让整个妆容更为精致无瑕。

➡ 上眼睑、嘴巴上方和嘴角这小面积区域需要把刷子立起来，从左至右来刷涂。

➡ 用海绵上粉底的时候，要注意从下向上、从内向外多个方向按压，这样能避免毛孔堆积粉底，让底妆更加平整服帖。

❀ 技巧 2：

脸和脖子颜色要统一， 过渡要自然

➡ 脸和脖子色差明显也是特别容易忽视的化
妆问题。首先打粉底的时候联合脖子都要均
匀涂抹，接下来在脸颊外侧从外向内刷上比
平时用的颜色深 1-2 个色号的粉底，或者是
修容粉，这样可以让脸颊和脖子之间有一个
自然的过渡，色差就不会太明显了。

❀ 技巧 3：

用珠光点缀眼妆

➡ 韩国美女在舞台上的眼妆都是 bling bling
的效果，会用上带亮片或珠光的眼影，主
要打在上眼睑的中间和下眼睑的中间有提亮
眼妆的效果，还有的会画上闪闪的珠光眼线。
这样可以强调眼线，让眼睛看起来又大又圆；
也可以把它刷在下眼睑的位置，起到高光提
亮的效果，打造出饱满的卧蚕。

❀ 技巧 4：

用珠光唇线笔打造饱满立体的唇妆

➡ 嘴唇比较薄的人群，可以用有珠光的唇线笔来增加唇部的饱满感。重点描画
唇峰部分，以及在下唇最饱满的中央部分涂画半圆，然后上唇从外向内，下唇
从两侧到中间，这样就能使嘴巴上的颜色过渡得比较均匀自然，看起来饱满有
层次。

👄 比较推荐带珠光的肉粉色或者浅驼色的唇线笔，因为它接近我们的唇色，
画出来的效果更加自然。

63 不伤害皮肤的七个美妆技巧

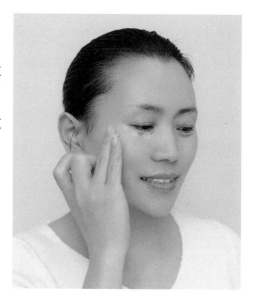

A. 正确挑选隔离霜

隔离霜是在上妆前使用的产品。它的主要作用是调整皮肤颜色、改善暗黄和隔离外界灰尘。选择时要选对适合自己皮肤状态的颜色和滋润度很重要。

B. 正确地选择成分

彩妆中的某些成分容易引起肌肤问题。除了查看说明书，购买前的试用和做皮肤测试是很重要的。

→ I. 警惕化妆品中的光敏感物质，会让皮肤在阳光的暴晒下引起炎症反应。

→ II. 某些人工合成化学物质，如色素和香料等会刺激皮肤，引起瘙痒症、神经性皮炎。

→ III. 有些彩妆品含有重金属如铅、铬、钼、镉等会被皮肤吸收，在体内累积，引起过敏反应。

→ IV. 油性化妆品不能过量，因为其中的油脂会吸附空气中的灰尘，导致汗腺口和毛囊口堵塞，造成细菌繁殖，引起毛囊炎、痤疮。

C. 正确地描画眼线

许多眼科专家都提出过严重警告：避免将眼线画在睫毛线以内过于靠近眼球表面的部位。由于这样可能会不小心伤害到眼睛，而且画眼线的工具或用品要保持清洁干净，否则可能因无意间接触到眼球表面而造成感染。

D. 正确地保护睫毛

睫毛膏有增大眼睛和神韵的作用，但是厚涂睫毛膏之前一定要先给睫毛打底，涂抹一层睫毛保护液，因为睫毛膏中的染色因子也会伤害到纤细的睫毛。睫毛如同头发一样，每根表面都覆盖了层层毛鳞片，在上睫毛膏前用睫毛专用保养品来打底，不但可以帮助填满鳞片间的空洞，也可以保护睫毛在摩擦时不受外力的伤害。接着再涂上一层睫毛定型液，能维持漂亮的弧度，睫毛膏也不易掉色。

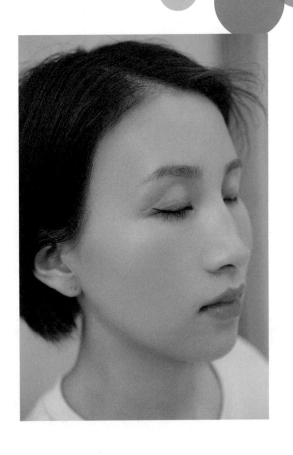

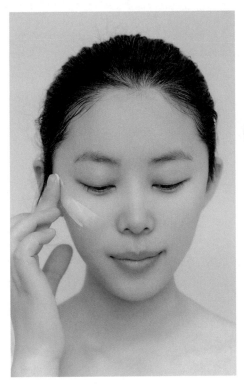

E. 正确地选择防晒

我们皮肤衰老和斑点主要来自紫外线的伤害，防晒就像脸部的防晒衣，对皮肤有保护的作用，因此，具有防晒呵护作用的彩妆系列十分重要。专家建议，防晒彩妆的 SPF 值为 15 最合适，因为这一数值能隔离 90% 以上的紫外线，也不会给肌肤带来很大的负担。

 F. 正确地卸妆

以下两种情况，都一定要使用卸妆品。

→ I. 画了浓妆或者淡妆，例如画了粉底、有颜色的彩妆品，如口红、眼影、腮红等。

→ II. 使用了防晒用品。

 G. 正确清理产品

I. 避免使用超过 3 年的唇膏，会令双唇感到更加干燥。

II. 把超过两年的护肤产品淘汰掉，有变色和异味的产品更要淘汰。

III. 超过两年的刷子和睫毛膏要停止使用。

IV. 液体类的化妆品如果发现有沉淀物或者分层，就要淘汰了。

64 三个技巧解决口红掉色的烦恼

◆ 口红是呈现女人味的必需品，是妆容的点睛之品，也是自信的来源。会让人气色和气场都提升，但是滋润感的口红都容易掉色和粘杯，会让我们在场合中比较尴尬，教你三个妙招，唇妆持久，吃火锅都不掉。

A. 打底

在涂口红之前，先做唇部打底，不仅可以让涂出来的口红滋润自然，还可以调整不均匀或者偏深的唇部颜色。方法是涂抹完透明滋润感的润唇膏之后，再涂抹一层接近唇色的肉粉色调整唇部颜色，这样会使你最后要涂抹的口红颜色更加饱满。

B. 护唇

为了解决唇部起皮，干燥的问题保持妆效的持久，首先要把唇部的护理工作做好。可以在晚上或是在上妆之前先涂一层厚厚的唇膜，这样就能够给嘴唇形成一层保护膜，防止唇部表面的水分蒸发，让唇部一整天都保持水润的状态。

C. 定妆

唇部是需要定妆的，定妆的时候，只需要拿出一张纸巾贴在嘴唇上面按压一下，然后用小刷子把散粉轻轻地扫在嘴唇的位置，这样就能够很好地起到定妆的效果，不仅颜色好看，而且还能使唇妆持久不粘杯。

65　眼线画不好的拯救小技巧

▶ **眼线画太粗？**

选择咖啡色眼影，在眼线边界的地方晕染，直到边界已不明显之后，再重新描绘一次想要的眼线。

▶ **眼线画歪？**

可以使用棉签棒，一头蘸取一点乳液，另外一头蘸取一点粉底。先用乳液那头把多余的眼线给去除之后，再用粉底那头以点压的方式遮盖。这样不仅可以去除干净，还不会破坏原来的眼线，上完之再用蜜粉定妆。

▶ **两边眼线不一样？**

画眼线之前，先想好要画什么风格的眼线，然后就在眼睛上面找基准线。定好三个位置——眼头、眼中、眼尾，两边眼睛的三个位置都在基准线上，把基准线连接画上去就不会差太多了！

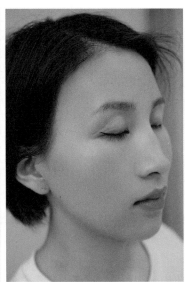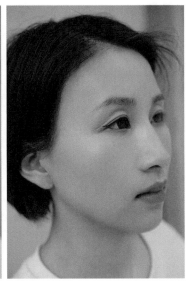

66 使皮肤超级干净的卸妆方法

A. 卸妆水

1. 把卸妆水倒在化妆棉上。
2. 化妆棉先在脸部敷 10 秒钟。
3. 从脸部的中间到两边轻轻擦拭，让皮肤细纹处于舒展状态。
4. 眼部用棉签蘸取卸妆水，在眼线处滚动擦拭。

B. 卸妆油

1. 把卸妆油涂抹到脸上，停留 10 秒钟。
2. 用化妆棉在脸上用打圈圈的方式来回擦拭。
3. 眼部用小号卸妆棉按敷 10 秒钟，再用两支棉签蘸取卸妆油，擦拭眼线。

卸妆产品主要有：卸妆水、卸妆乳和卸妆油 3 种。

那么平时使用的区别在哪儿呢？

♥ 卸妆水

是不含油分，以表面活性剂为清洁成分，能清除化妆品和污垢，具有清洁功能和滋润功能。油性或过敏性肤质的人群可选用卸妆水卸妆，卸妆水是比较温和的卸妆品，适合春夏季节的清新淡雅的裸妆。

♥ 卸妆乳

是制成乳状或啫喱状，用手部涂抹，可以照顾到细节部分的皮肤，减少化妆棉对皮肤的摩擦，动作要轻柔。

♥ 卸妆油

是一种加了乳化剂的油脂，可以轻易与脸上的彩妆油污融合，在通过水乳化的方式冲洗时可将脸上的污垢统统带走。

一个完美立体底妆的化妆技巧

◆ 好的底妆能让肌肤散发自然健康的光泽，能让后续妆容更加光彩精致，还能修饰脸型五官立体效果。具体步骤如下：

➡ STEP1：
用粉底刷将粉底液均匀地涂抹在面部，粉底刷上妆会比手指上妆更加均匀服帖。

➡ STEP2：
用粉刷蘸取适量和粉底颜色相近的散粉定妆，主要定妆部位是眉毛、眼部、鼻头。

➡ STEP3：
将较深色的粉饼轻轻晕在脸颊的侧面有自然的瘦脸效果。

➡ STEP4：
在眼部晕染颜色稍深的散粉，能有效地防晕妆，还有增强眼部立体感的效果。

➡ STEP5：
鼻梁两侧涂抹适量的阴影粉，增加鼻梁立体的高挺感。

➡ STEP6：
在额头发际线处用适当阴影粉修容，可以完美修饰额头轮廓。

➡ STEP7：
鼻梁正中心的位置用透明高光提亮，增强立体感。

➡ STEP8：
下巴凹陷处也同样用透明高光提亮，增强饱满度。

➡ STEP9：
眉头上方至太阳穴的位置用高光粉提亮，增强饱满度。

➡ STEP10：
太阳穴到眼部下三角区的位置用高光提亮，增加饱满度。

➡ STEP11：
在笑肌最高处晕染上适量腮红，调整健康肤色。

68 化妆的正确步骤和使用的产品

→ Step1 妆前：

先使用妆前乳或隔离霜，修饰暗沉和不均匀的肌肤，再使用防晒霜。

→ Step2 粉底：

使用粉底液（粉底霜、粉底膏、粉底条、BB 霜、CC 霜、气垫）来修饰肤色。

→ Step3 遮瑕：

面部严重的瑕疵需要专业的遮瑕，比如雀斑、黑眼圈、痘印等瑕疵。

→ Step4 修容：

利用修容粉（修容膏、修容棒）打造小 V 脸。

→ Step5 高光：

使用高光粉（高光液、高光笔），修饰五官和脸型。

→ Step6 定妆：

使用定妆粉或粉饼定妆，保持妆容的持久性。

→ Step7 画眉：

使用眉笔（眉粉）画眉，颜色尽量选择浅色的，不要选择深色的。

→ Step8 眼影：

初学者可以选择大地色系眼影。

→ Step9 眼线：

使用眼线笔（眼线液、眼线胶、眼线膏描绘眼线），增加眼部神采。

→ Step10 睫毛膏：

少量多次地刷睫毛，手法是"Z"字型。

→ Step11 腮红：

使用粉末状、膏状、霜状或者液体状的腮红，修饰脸型，美化肤色。

→ Step12 口红：

利用唇膏（唇釉、唇彩）点亮唇部光彩。

化妆的正确步骤

防晒霜 → 隔离霜 → 粉底液 / 气垫 → 遮瑕笔

修容高光 → 散粉 → 眉笔 / 眉粉 → 眼影

眼线笔 → 睫毛膏 → 腮红 → 唇膏 & 口红 & 唇釉

BB 霜的正确使用方法

◆ BB 霜几乎是每个女性的化妆包里一定不会少的存在，因为 BB 霜携带方便，还有滋润和美白皮肤的功效，但是你会使用 BB 霜吗？你的 BB 霜是不是发挥了最好的涂抹效果呢？下面就一起来学习一下。

A. 使用 BB 霜前要先进行基础护理

用 BB 霜前肌肤要先使用护肤水、乳液或精华等进行基础护理，直接涂抹会使皮肤干燥。保证肌肤在滋润的状态下再涂抹 BB 霜。

B. BB 霜不能与粉底同时使用

如果将 BB 霜和粉底一起涂在脸上，会使妆感厚重不通透，只能选择其一，在定妆的环节，如果希望皮肤更加精致，选择粉饼来定妆。如果想要薄透的效果，建议用散粉定妆，妆容会更持久。

C. 选用具有防晒效果的 BB 霜

选择具有防晒效果的 BB 霜，能有效地抵挡紫外线的伤害，使皮肤减少损伤。

D. 使用 BB 霜后需要卸妆

BB 霜属于粉底的一种，如不卸妆，也有可能导致毛孔堵塞。可以选择清爽的卸妆水卸妆。

E. 不同肤质的 BB 霜的选择

（1）油性肌肤可以选择有控油效果的 BB 霜。

（2）敏感肌肤则可选择含有芦荟、绿茶、银杏等成分的 BB 霜。

（3）痘痘肌肤建议不要每天使用，这样容易加速痘痘的生长。

F. 不同的季节 BB 霜的选择

BB 霜的选择和护肤品一样，冬天选择滋润度高的，而夏天就要使用清爽的，如果夏天还在用厚重的 BB 霜，会上妆不服帖，皮肤不透气。脸上分泌油脂更容易脱妆。所以，夏天，一定要选用轻薄、透气的 BB 霜。冬天气候干燥，皮肤易起皮、卡粉，就要选择滋润型的 BB 霜。

70 用彩妆遮盖眼袋的技巧

◆ 眼袋会使女性显得疲惫和衰老，我们今天就学习怎么用彩妆来遮盖住眼袋，将眼袋巧妙地隐藏起来，展现有神韵和年轻感的眼睛，要想将眼袋遮盖住，需要用不同深浅的遮瑕底妆来修饰，修饰的位置和面积大小很重要，分享三步技巧，瞬间解决眼袋问题。

➤ 第一步： 滋润眼袋皮肤

有眼袋的地方，肌肤血液循环肯定不好，皮肤会比较敏感单薄，容易干燥有细纹，所以用保湿效果好的眼霜滋润很重要。

➤ 第二步： 避免使用高光

眼袋处的皮肤很嫩很薄，会有突起，所以一方面，我们要选择轻薄的粉底液，用指腹的温度点压使之服帖。另一方面，我们要选择亚光的眼影和定妆粉，避免用珠光类产品，防止使眼袋更加突起。

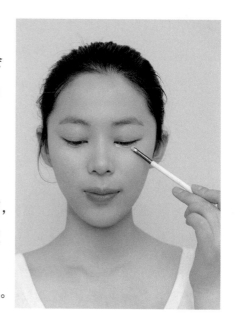

➤ 第三步： 拯救突兀感

在眼袋凹陷的地方用浅色的遮瑕膏画出一条细细的线，而在突起的地方抹上比皮肤深一号的遮瑕膏，深色在视觉上有收紧的效果，明暗的对比可以平衡眼袋的凹凸感，达到视觉上的美感。

71 # 五个化妆技巧助你打造完美妆容

◆ 完美的妆容不是靠化妆品的价格高低决定的，而是要学会选择适合自己的化妆品，同时靠丰富的化妆经验、手法以及技巧才能呈现完美的妆容。

◗ 化妆小技巧一：

粉底前涂抹隔离霜

隔离霜有调整肤色、保护皮肤的作用，涂抹时，为了达到更服帖的效果，要从内向外轻轻拍打涂抹。

◗ 化妆小技巧二：

手指轻拍上妆更服帖

皮肤干燥的人群，可以使用手指涂抹粉底，因为手指的温热能让粉底液更加贴合肌肤，更加容易吸收。注意要用从内向外拍打的方式涂抹。

◗ 化妆小技巧三：

肌肤滋润的时候涂粉底

想要粉底不容易卡粉，要在肌肤很湿润的时候涂抹粉底液，不但更好上妆，乳液融合在一起的粉底液还能更好地贴合肌肤，让妆效看起来非常自然。

◆▶ 化妆小技巧四：

眼周使用浅色粉底

眼周肤色比较容易暗沉，特别是睡眠不好，黑眼圈会更严重，如果和面部使用相同色号的粉底，遮盖不了黑眼圈，所以建议在底妆之后，在眼周使用浅一号的粉底液，再用散粉定妆，不但能让肤色看起来均匀，还能提亮眼神。

◆▶ 化妆小技巧五：

珠光蜜粉让肤质变精致

珠光蜜粉能让肌肤呈现自然光泽，肤质看起来变得均匀、细腻。如果你是油性肌肤，建议你在使用粉底前就将珠光散粉薄薄地刷在肌肤上，之后再用粉底，可以控制油光。如果你是干性或者混合性肌肤可以在底妆完成后，使用珠光散粉，在比较干燥的部位涂抹，可以让面部呈现自然的光泽。

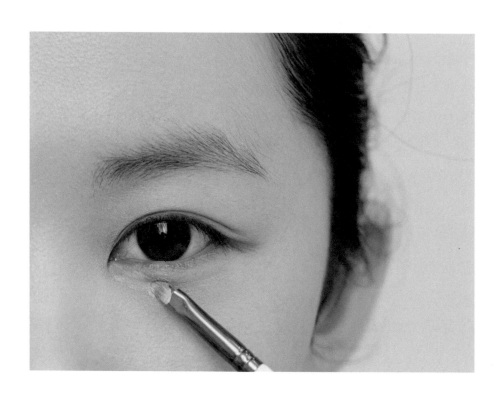

上班族的快速化妆技巧

◆ 相信上班族最想学的就是最简单、最快速、最美丽的妆容了，教你3分钟呈现完美妆容。

▶ 第一步： 眼线

如何快速画好眼线？

在最接近睫毛的根部画眼线，在眼头、眼中、眼尾定位三个点，然后把它们连起来，朝着点点的位置延长过去，就可以变成既对称又顺滑的眼线了。

▶ 第二步： 眉毛

眉毛是裸妆的关键，最快速的是选择使用眉粉。先将眉粉填满整个眉毛的空隙，然后用眉笔框出眉形和眉尾。

▶ 第三步： 腮红

好的肤色是最重要的，涂点腮红也能让你精神百倍，气色好了，整个人看起来都会很健康。但是腮红不要过浓，自然为主，颜色尽量选择淡橘色和淡粉色。

▶ 第四步： 口红

口红是提亮肤色和妆容精致度的重要一步，亚光深色唇膏会显得成熟、嘴唇干燥，有些光泽感的裸色唇膏会让嘴唇显得自然健康，所以上班族尽量选择有光泽质感的浅色口红。

*只需以上四步，也是最凸显气色的四步，去掉烦琐，掌握重点，一个精致的职业妆就呈现了。

3分钟的"氧气妆",新手必看

◆ 这款简单又减龄的"氧气妆",也是有妆似无妆的素颜妆。氧气妆的核心是薄、润、透,所以轻薄通透的底妆是基础。

▶ **第一步: 轻薄粉底**

→ 粉底部分要尽量选择和肤色相近的色号,切记脖子也要涂抹,这样妆效会更加和谐自然。

→ 脸上皮肤状态比较好的可以选择气垫类的产品,实力打造"会呼吸"的氧气肌。

→ 脸上瑕疵比较明显的,涂完粉底后可叠加遮瑕产品,注意少量多次涂抹。

→ 完成了底妆后,千万不要忘记定妆。因为定妆会让妆面看起来更干净清爽,妆容也会变持久。

→ 散粉或者粉饼都是很好的定妆产品,干性皮肤选择散粉,油性皮肤选择粉饼。

→ 如果是用粉扑建议采用按压的手法,着重在T区、两颊,以及其他爱出油的部位定妆会让妆容更加持久。

➤ 第二步： 透气眼妆

→ 对于氧气妆而言，不要涂抹过分艳丽和浓重的色彩，重点修饰眼线，眼线笔的颜色选择深棕色会比较自然。

➤ 第三步： 自然眉形

→ 眉毛是整个妆容的灵魂，小小的一点改变就能改变五官整体的视觉效果，建议大家画眉毛的时候先找准眉头、眉峰和眉尾的位置。眉头大约在鼻翼到内眼角的延长线处，眉峰是从鼻中一直到瞳孔延长出去，眉尾则是从鼻翼延长到外眼角。

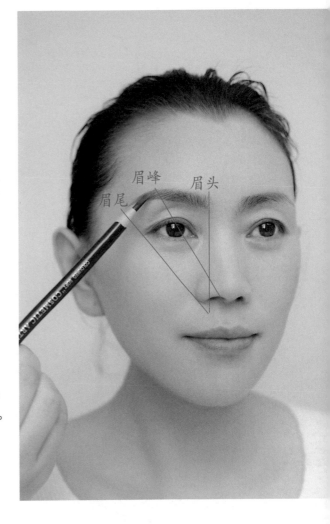

＊根据自身的眉形，用眉粉填充颜色，用眉笔勾勒一下大致的轮廓，注意前淡后深，虚实结合。还可以用眼线胶笔立起来描画眉头，可以打造出根根分明的效果。

➤ 第四步： 浅色眼影

→ 眼影尽量要以浅色系为主，颜色的饱和度不要太高，出来的效果才会更加干净通透。

→ 用指腹蘸取一点点的珠光色叠加在眼皮中央，增强眼部立体感和层次感。

→ 再用扁平的眼影刷蘸取深棕色眼影，紧贴着睫毛根部描画眼线，眼睛瞬间就能变大变有神。

→ 为了起到点睛的效果，可以用提亮色点缀眼头，可以有开眼角的大眼效果。

➤ 第五步： 自然睫毛

→ 刷睫毛的睫毛膏可选择纤长卷翘型，从睫毛根部呈 Z 形刷到睫毛梢，这样刷出来的睫毛又长又翘，根根分明，要少量多次地蘸取，刷的睫毛膏太多容易造成苍蝇腿的效果。

> **第六步： 腮红**

→ 腮红选择带有微微珠光感的浅浅的粉色或者浅浅的橘色，像是皮肤自然透出来的好气色，面若桃花！

→ 氧气妆的腮红采用圆形打圈的画法。在苹果肌的位置，用打圆圈的方式晕染开。

→ 圆形的腮红不挑脸型，怎么打都好看，会使苹果肌有肉肉的感觉，非常适合清新少女感的妆容。

> **第七步： 唇妆**

→ 氧气妆的唇妆在颜色方面选择和眼影或者腮红是同色系的，或者比较接近的颜色，这样妆容色彩会和谐统一，更显柔和。

→ 选择水润有光泽的质地，这样会提亮气色，喜欢清新透亮一点的可选择水晶玻璃唇妆效的唇釉。

不需要补妆的化妆技巧

A. 眼线晕染

眼线会晕主要是因为眼霜或是粉底这类妆品的油分残留在眼皮上，所以在画眼线之前要先用散粉定妆，如此一来就能防止晕染，但要小心扑太多粉，否则会造成卡粉，出现小细纹。

B. 眉毛晕染

画眉毛时，用定妆粉在眉毛的位置先定妆，这样再用眉粉或者眉笔会更顺畅不油腻，最后再涂上染眉膏，增强眉毛立体感和根根分明的真实感，还能让妆容更持久。

C. 口红晕染

先把护唇膏涂满唇部，再叠加上口红，再用纸巾轻压，最后用蜜粉定妆。吃饭的时候，唇蜜难免会掉，但层层防护使口红的颜色不会全部脱落。

D. 腮红晕染

粉状腮红因摩擦容易掉落，涂抹太多的话也会显得不自然。可以在脸颊涂上少许液状腮红，再覆盖上薄薄的粉状腮红，就能呈现非常自然的嫩肌，从而让腮红更加持久。

粉嫩桃花妆的化妆技巧

桃花运代表人缘，粉嫩的桃花妆，可使整个人年轻靓丽，神清气爽。

➡ Step1 底妆——珠光提亮

对于明亮粉色的桃花妆，打造透亮底妆很重要，可以在粉底中选择加了珠光效果的粉底液，气色明亮，皮肤散发透亮的自然光泽，笑容自然，也更有亲和力。

➡ Step2 腮红——粉色弥漫

腮红是桃花运妆重点体现的地方。不要采用较深的玫红色、朱红色，这些不适宜大面积的桃花妆。用纯正的桃粉色，在脸颊上大面积地打上腮红。

◆ 大面积腮红的秘诀：

♥ 长脸型：

可以从颧骨位到鼻梁处以 30° 的方向横扫，渐淡地衔接下眼影位置。

♥ 椭圆脸型：

以最常见的"笑肌腮红法"，笑一笑，在突出来的"苹果肌"位置以打圈的方式扫上腮红。

♥ 圆脸型：

从太阳穴向脸颊方向斜扫桃红腮红，这样既修饰了脸型，也在桃红的基础上保留了个人风格，不会过于甜美。

➡ Step3 眼妆

桃花妆眼影主要是粉红色系眼影。如果担心粉红色会令眼肿，诀窍是，粉红色要控制在双眼皮皱褶中的范围内，或者只用在眼尾，画龙点睛地一笔即可！但晕染的范围不用太大，严格控制在双眼皮皱褶中即可。

➡ Step4 唇妆

唇妆颜色要自然水润，BingBling 最重要，要打造出水润的氧气美女形象，先用桃红的唇膏上一层亚光色，然后再上高亮度透明唇彩，会使唇部明亮，整个人看起来就会有精神。

三个不显老的化妆技巧，女生必看

➤ A. 女生在化妆的时候，底妆部分因保湿不够或是使用量太多，显得脸上粉感很重，而且浮粉还会使细纹等情况全都显露出来，特别在眼周或嘴角容易有卡粉的状况。

★建议：

▶▶ 选择轻薄而水润的粉底液、添加锁水成分的"护肤"粉底液，能更好地帮皮肤保湿滋润，避免粉底卡粉起皮。

▶▶ 妆前护肤保养要做好，保湿工作不能少，可借助化妆海绵来帮助上妆，让妆容更服帖。

➤ B. 可以使用闪粉打亮肌肤，增加皮肤的光泽感。闪粉只需在颧骨、唇峰和眉间上方以及鼻梁等部位轻轻扫上一点就可以了。不要满脸过量地使用闪粉否则会让皮肤有出油的效果，更不要把闪粉用错了部位，会让你老上几岁。

➤ C. 淡雅自然的眉毛也是显年轻的重要因素，过黑的眉毛可能让你看起来不自然，也太过凸显，依照发色和个人的妆容风格找出自然的色调最重要。

夏季美白的四个小技巧

◆ 皮肤暗黄拯救技巧

A. 出门要防晒，否则会晒黑，全身都要均匀涂抹，选择 SPF 值数不低于 30 的防晒霜。

B. 要定期去角质，角质层过厚没有得到及时的处理，也会变黄变黑，甚至长痘，尤其 T 区、鼻头和下巴等位置，不定期用磨砂膏去角质，整个脸部肌肤都会变得平滑干净。

C. 要涂隔离霜，它有美白皮肤、隔离彩妆和保护皮肤的作用。

D. 要敷面膜，保湿面膜比美白面膜更重要，只有毛孔得到有效的保湿补水，美白的营养才能被深层吸收，尤其是干性皮肤的人群。

 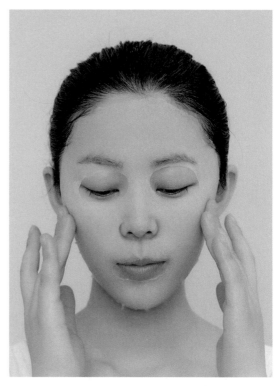

◆ 让肌肤越来越白的水果

樱 桃

樱桃是含铁及胡萝卜素较多的一种水果，它
的营养非常丰富，对气血较虚的人能起到补
血补肾的作用，饭前食用 200~300 克可以调理
肠胃，对消化功能差的人很有好处。樱桃中丰
富的维生素 C 能滋润嫩白皮肤，有效抵抗黑
色素的形成。另外，樱桃中所含的果酸还能
促进角质层的形成。

菠 萝

菠萝属于热带水果，其丰富的维他命不仅能
淡化面部色斑，使皮肤润泽、透明，还能去
除角质，促进肌肤新陈代谢，皮肤呈现健康
状态。在洗澡水中加入少许菠萝汁更能滋润
肌肤，尤其适用于皮肤粗糙的人。另外，菠
萝中还含有一种叫菠萝酶的物质，它能有效
去除牙齿表面的污垢，令你的牙齿洁白如玉。

橘 子

橘子，以其丰富的果酸和维生素含量而被大量
应用于护肤品和化妆品中。尤其是橘皮中的维
生素 C 含量特别高，因此在很多地区，人们用
橘皮泡水喝以摄取大量的维 C。另外，橘子中
所含的有机酸还能增强肌肤弹性，每天用橘皮
擦脸可以平抚面部小细纹。

◆ 预防皮肤粗糙和暗黄的技巧

▇ A. 隔离防晒

日晒也会造成皮肤暗黄，而隔离防晒可在肌肤表面形成保护膜，保护肌肤免受紫外线的伤害，应选择具有美白、滋润效果的防晒隔离霜，改善皮肤暗黄现象。

▇ B. 夜间美白

夜间是美白、修护皮肤最好的时机，所以选择晚霜是改善皮肤暗黄的最好选择，但在晚霜里，要选择具有美白成分的，如果肌肤出油多，应选择清淡不油腻的晚霜，可有效改善皮肤暗黄。

▇ C. 每晚喝一杯红酒

红酒中含有抗氧化剂，能调节身体的自由基，保护细胞与器官免受氧化，让肌肤白嫩有光泽。

▇ D. 柔肤水，干性肌肤的福音

对于油脂分泌稀少、干燥、起皮、缺水且容易产生细纹的干性皮肤来说，使用柔肤水可以有补水、保湿、滋润的效果。一般的柔肤水会添加保湿成分，有少许黏稠感，可以加强干性皮肤的滋养效果。

▇ E. 化妆水，保护肌肤的好水

化妆水具有收缩毛孔的作用，隔离一些多余的化妆品等钻进毛孔里，并且能够在肌肤表面形成一道保护水膜，可以更好地保护我们的肌肤。

黑皮肤的化妆技巧

◆ 皮肤黑的人群拥有十分健康的小麦色肌肤，黑皮肤怎么化妆才会有高级感呢？

A. 选择适合肤色的粉底液

打底要选择保湿度高的，因为光泽感的底妆会更显健康皮肤。

B. 选择棕色眼妆

肤色深的人群眼妆画上细细的眼线，眼影方面上眼睑用棕色眼影，下眼睑用浅棕眼影，让眼睛更明亮更突出，更有混血味道。

C. 选择浅棕色的腮红

浅棕色腮红打在黑皮肤上会比较融合，再添加些珠光感，会更加凸显健康的皮肤质感。

D. 选择深色唇膏

透明有光泽质感的唇膏会更显唇部高级质感，使整体妆容和谐。

解决眼部脂肪粒的技巧

◆ 什么是脂肪粒？

脂肪粒是一种长在皮肤上的白色小疙瘩，看起来像是一个小小的白芝麻，一般会长在脸上，特别是眼周。脂肪粒的主要成分是角质细胞蛋白。但在某些因素影响下，出现了代谢紊乱，一些角质细胞就产生了过多的角蛋白，在表皮下开始堆积，由皮脂被角质所覆盖，不能正常排至表皮，慢慢堆积于皮肤内形成的白色颗粒，脂肪粒被角质层覆盖，比较顽固，很难挤压出来。

脂肪粒的类型	脂肪粒分为两种： 一种是成熟型脂肪粒， 另一种是未成熟型油脂粒。

脂肪粒产生的内在因素一

出现脂肪粒不单单是眼部皮肤的问题，还和身体内分泌失调、面部油脂分泌旺盛有关系，如果皮肤又没有得到及时彻底的清洁，导致毛孔堵塞，多余的脂肪无法排除，脸上就会出现突起的脂肪粒。

脂肪粒产生的内在因素二

在中医里，脂肪粒被解释为一种痰湿。所以脸上很容易就长脂肪粒也是脾脏较虚弱的一个表现。因为，脾脏虚弱脂肪就难以被代谢，脾虚还有一个表现是皮肤脂肪比较松散不紧实，有脾虚的现象可以多吃黄色的食物，玉米粥是不错的。

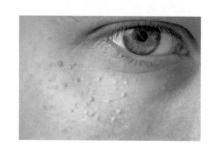

脂肪粒产生的外在因素——眼霜的油脂成分过高

有些人为了缓解脸部干燥或眼角出现皱纹的症状，选择使用一些过于油腻的护肤品或眼霜，而皮肤却不能将涂抹上去的油分完全、充分地吸收，最后导致脸部肌肤营养过剩，这样的情况持续一段时间后，就会在面部形成脂肪粒。眼霜的选择很重要，经常做眼部按摩，也可以促进眼部循环代谢，帮助眼霜的吸收。

错误的保养习惯

如在使用洁面产品或面霜、乳液的时候也用到了眼部，由于不容易吸收，长此以往脂肪粒就会出来了。

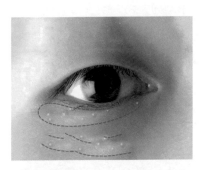

如何去除？挑出来？

在眼部的脂肪粒，没有骨骼支撑，所以一定要选择专业人士去处理。如果是在脸颊、颧骨，挑出来比较容易，先将表皮刺破，用粉刺尖头在脂肪粒转一圈，使脂肪粒和皮肤分离，然后轻轻一按，就出来了。

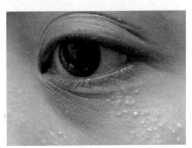

A. 按摩 + 刮痧： 促进代谢

按摩 + 刮痧，可以促进眼部的血液循环，刺激皮肤代谢，对眼部的问题有所帮助，也可以预防脂肪粒的产生（切记不要大力摩擦眼部哦，按摩一定要在润滑的情况下，比如使用按摩油）。

B. 眼部护理

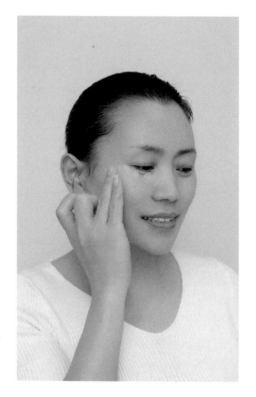

眼睛周围的皮肤特别嫩薄，并有许多的皱褶，故眼周肌肤水分蒸发速度较快；同时，眼周皮肤的汗腺和皮脂腺分布较少，特别容易干燥缺水。这些因素决定了眼睛是最容易老化并产生问题的地方。一般自 25 岁以后眼周肌肤就开始走下坡路，出现黑眼圈、鱼尾纹、眼袋、肉芽、浮肿等问题。所以，预防和护理是十分重要的。

眼部保养分内在保养、 外在保养和特殊护理

（1）睡眠充足，切忌熬夜。

（2）平时多喝水，睡前避免大量饮水。

（3）保持乐观情绪，及时治疗疾病，尤其是内分泌紊乱。

（4）避免阳光直接照射。

（5）勿养成眯、眨、挤、揉眼睛的不良习惯。

⑧⓪ 能瘦十斤的化妆技巧

◆ 让你 " 瘦 " 十斤的化妆术

第一步： 底妆

底妆是妆容的基础和重点

① 选择和肤色相近的粉底液均匀涂抹在脸上，注意粉底要以轻薄款为主。

② 用粉底刷或者海绵蛋蘸取粉底均匀按压涂抹。

③ 重点修饰脸颊、鼻子、额头、下巴，脸颊两侧粉底量减少。

④ 用高光膏打亮苹果肌、额头、鼻梁和下巴。

 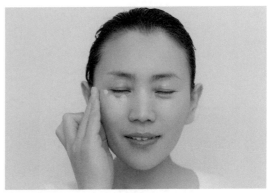

第二步： 修容

修容的作用除了瘦脸外，还能显出五官的立体感。初学者如果把控不好，可以选用颜色淡一些的修容粉，这样看起来会更自然。重点修饰多肉的脸颊两侧和凸显的颧骨，以及双下巴。

第三步： 腮红

打造立体小脸，腮红颜色不能过深，否则
会过渡不自然。这款妆容采用的腮红色是
很淡的粉红色，因为小脸妆主要呈现的是
脸部的瘦和小，所以稍微用腮红加强一下
气色就可以了。

→ 腮红步骤：

1. 粉红色腮红顺着微笑时突出的苹果肌扫。
2. 一直向上延伸至耳朵上方处。

第四步： 眉妆

眉毛能够展现一个人的气质和风格。眉毛颜色不能太深，
可以选择浅咖色，不易太粗，尽量以填充和晕染为主，再
用染眉膏刷涂，打造根根分明的自然眉毛。

→ 眉妆步骤：

1. 极细的眉笔描绘出眉形，并将空缺的地方补齐。
2. 咖啡色的眉粉从眉头开始画。
3. 棕色染眉膏顺着眉毛向上刷眉。

81 "初恋妆"的三大重点

♥ 初恋，让人难以忘怀的存在，在每个人心底珍藏。初恋时的你，干净纯粹，轻而易举就能击中男生柔软的内心。初恋妆讲究清爽宜人，不需要浓妆艳抹，只用自然的眉形、清新的眼妆和粉嫩的唇色来打动人，一如我们初恋的模样。这股美妆界的清流，最早来源于韩剧女主，是她们撩倒男神的必备法宝。

自然眉：最爱自然的模样

自然眉，虽然名字叫"自然"，但可不是纯天然的。它是在尊重眉毛自然形态的前提下，顺着眉毛的生长方向稍加修饰，达到随意而有秩序的效果，清丽脱俗。

步骤

❶用眉刷梳理好眉毛，再用修眉刀将多余的杂毛清除。

❷用贴近发色的眉笔填充稀薄处的眉毛，并描绘出眉毛的整体轮廓。

❸用眉刷蘸取适量眉粉，给眉毛晕染接近发色的颜色，注意眉头的部分要特别淡，眉中和眉尾颜色深一些。

❹在眉头部分，用超细的眉笔按照眉毛生长方向一根一根地描画，营造出"根根分明"的感觉。

❺最后再用眉刷梳理眉毛整体，使其更有立体效果。

萌萌眼：楚楚动人

女生，不一定有天使般的面孔，但通过化妆大都可以有双小鹿似的眼睛。萌萌眼妆，利用粉嫩系的眼影配合着卷翘的睫毛，给人一种楚楚动人的感觉，最能激起男生的保护欲。

步骤

①用眼影刷蘸取适量的白色眼影，轻刷在上、下眼皮的白色区域内，看上去更干净。

②蘸取适量粉色眼影，涂抹在上眼皮和眼角处。注意两种颜色要由浅变深，外眼角处颜色最深。

③将卧蚕笔刷在下眼皮的虚线内，并涂抹上金色珠光，有放大眼睛的效果，让眼睛更有神。

④夹翘睫毛后，选用有拉长效果的睫毛膏拉长睫毛，有增大双眼，使眼睛更加可爱的效果。

果冻唇：可爱减龄

谈起初恋，就不得不提到让我们脸红心跳的初吻了。果冻唇，利用水润透亮质感的口红打造而成，如果冻一般滋润娇嫩，少女感满满。

步骤 上色之前，涂一层保湿润唇膏，防止唇部干燥起皮；材质上可选用唇膏、唇釉或唇彩，但水润感和光泽感必须要好，颜色尽量选粉色和橘色系。

82 四个技巧摆脱脸上浮粉

◆ 干皮肤的人群很容易脱皮和卡粉！皮肤显得干燥无光泽，
以下四个小技巧解决问题。

诀窍一： 妆前敷面膜

其实拯救妆后脱皮的方法就是在化妆前敷上含有
如玻尿酸等高保湿成分的面膜，给干燥的皮肤进行
强效补水，让肌肤迅速处于一个水润的状态，便
于粉妆的服帖。

诀窍二： 橄榄油按摩

在上粉底之前，可以取适量橄榄油于手心，双手
搓热使其均匀，然后在两颊等脱皮部位重点按摩，
可滋润肌肤，从根本上减少干燥脱皮的现象。

诀窍三： 选择滋润度高的护肤产品和粉底

皮肤严重干燥，应该选用滋润度高的护肤产品和强效保湿
粉底液。也可以在粉底液中以 1:1 的比例混合进保湿乳液
或者精油，以拍打的手法上底妆。

*注意：妆后容易起皮的人群千万不要使用干湿两用粉饼
之类的底妆品，会加重脱皮状况，如果要定妆，尽量选择
少量散装蜜粉只在 T 区、鼻梁、下巴等局部定妆，防止全
脸干燥的效果。

诀窍四： 滋润的舒缓喷雾最后定妆

若已上完底妆，皮肤还是存在干燥、脱皮的状态，可用滋润
的保湿喷雾喷到脸上，让粉底变得更加服帖自然。

83 气垫 BB 和粉饼的选择技巧

▶ 底妆产品有很多种。比如：气垫 BB、气垫 CC、BB 霜、CC 霜、粉底液、粉底霜、粉饼等等。但是新手化妆补妆该如何选择呢？

▶ 皮肤偏干的要选择滋润保湿型的粉底，皮肤偏油的要选择控油持久型的粉底。

▶ 当我们化好一个美美的妆容出门上班、上学或者逛街之后，妆感几乎没有了，这个时候我们就需要开始补妆了。

▶ 日常生活中，我们常见的补妆产品有：粉饼和气垫 BB/CC。那么补妆到底用气垫还是用粉饼比较好呢？首先我们先来了解一下这两款产品

粉饼篇

♥ 粉饼是一种底妆产品，主要用于定妆和补妆使用，还有很好的遮瑕效果。

♥ 各种肤质该如何选择粉饼？

♥ 干皮应该选择保湿型的粉饼，含滋养保湿的成分。

♥ 油皮应该选择清爽控油型的，能控制油脂分泌，避免脱妆和浮粉的现象。

气垫篇

♥ 气垫是一种海绵气垫式 BB 粉凝霜，有遮瑕、提亮肤色、隐形毛孔等作用，便于携带补妆。

♥ 在作为底妆使用的时候，可以直接用于妆前乳之后，然后扫上一层散粉定妆就可以了。

♥ 气垫 BB 其实比粉底液、粉底霜更容易脱妆，所以气垫是个很好的补妆产品。

补妆篇

♥ 偏干肌肤：
油脂分泌较少，脸比较干，首先要准备一个补水喷雾给面部补点水，然后要选择滋润保湿型的气垫或粉饼，在脱妆的地方按压或者轻拍几次。

♥ 偏油肌肤：
油脂分泌较多，脸比较油，补妆之前要先用吸油纸或者干净的纸巾将油脂吸附掉一点。然后用控油的粉饼或者气垫 BB，在脱妆的区域进行补妆就行了。

84 使用散粉定妆须知技巧

◆ 你的妆容是否存在易脱妆、厚重、肤色不均匀等问题？这有可能是你的散粉用的时间不对导致的，你很有必要了解清楚散粉什么时候用才对。

散粉什么时候用

散粉也是定妆粉，它是由滑石粉与一些美颜物质组成的，有效控油、遮瑕与固定妆容，使妆容更加持久服帖。它是用在化妆最后一个步骤里的，特别是皮肤容易出油的人群更要使用散粉定妆。

散粉使用小贴士

1. 散粉适用于任何季节，需要令妆容更持久就可以使用。

2. 肤质偏油人群在化妆之后最好用散粉定妆并适时补妆，否则容易脱妆。

3. 如果你是干性肌肤的人群，可能会对散粉定妆的需求不是太大，建议你使用保湿功效喷雾定妆，既能持久定妆，又能润泽肌肤。

4. 选择完全符合肤质和肤色需求的、质感细腻的散粉。

❀**散粉和腮红哪个先用**

在使用膏状腮红时，我们应先用腮红，再用散粉，防止晕染不均匀。如果你使用的是干粉状腮红，可在上散粉之后再上腮红，会更加自然均匀，而且不会影响着色度。只有在正确的时候使用散粉，才能完美定妆。

选择粉底的四个错误必须改正

A. 选错粉底色号

大多数商场的化妆柜台的灯光较强，在这样强烈的灯光下选择的粉底色号会出现偏差，而这也会导致你在选择粉底的色号时产生错误。所以要进行皮肤色彩诊断，明确知道自己适合的色号就不会选错了。

B. 选错粉底类型

没有一款粉底适合一年四季，你需要随着季节的改变而选择不同类型的粉底。选粉底还取决于你皮肤的状态。如果你的皮肤干燥，粉底液就会是你最好的选择；如果你是油性皮肤，那么使用控油为基础的粉底膏、粉底霜代替更好。

C. 选错粉饼

粉饼最好选两款，一款选择亚光的用来涂整张脸，另一款选择有细致珍珠光泽的粉饼用来涂鼻梁、眉骨、颧骨、额头和下巴。但切记要保持粉饼的清洁和干燥，否则容易滋生细菌引起脸部过敏问题。

D. 没有更换粉底

根据四季的气候特征，要随时更换粉底。夏天要换成清爽轻薄补水效果的粉底液，保持皮肤水润状态；冬天尽量选择含油分的滋润型粉底，保持皮肤的滋润状态。所以，在不同的季节里也要对粉底的选择有所改变，因气节而异。

86 双眼皮贴，自然又美丽的技巧

◆ 双眼皮贴的种类

【新手级】 单面胶双眼皮贴

易贴指数：★★★

隐形指数：★★★

易操作指数：★★★★★

这种单面式的双眼皮贴是最普遍的，一般根据眼型分为三个款式：圆角弧形、尖角弧形以及半椭圆形。新手选择它来练习再合适不过，轻轻从贴纸上撕下，沿着双眼皮褶皱，配合眼型贴好就可以了。

【提拉级】 双面胶双眼皮贴

易贴指数：★★★★

隐形指数：★★★★

易操作指数：★★★★

双面胶型眼皮贴黏度更大，两面都能够牢牢粘住眼皮，不容易变形或掉落。并且能够把眼皮提拉上去，有让眼睛双倍放大的效果，但是有个缺点，经常使用眼皮会变得松弛，所以要多多注意。

【简单级】 纤维条双眼皮贴

易贴指数：★★★

隐形指数：★★★

易操作指数：★★★★

这种纤维条型双眼皮贴非常容易上手，可以更好地固定双眼皮轮廓，将纤维条拉伸按照双眼皮的轮廓，根据眼睛长度，用剪子减掉两头多余的纤维条即可。

【实用级】 胶带型双眼皮贴

易贴指数：★★★

隐形指数：★★★

易操作指数：★★★

胶带型双眼皮贴是性价比之王，不仅价格便宜而且量大，但是它的缺点就在于需要自己动手剪出双眼皮贴的轮廓，不太好掌握，建议专业化妆师使用。

【隐形级】 蕾丝型双眼皮贴

易贴指数：★★★★

隐形指数：★★★★★

易操作指数：★★★

蕾丝型双眼皮贴是最受大家喜爱的，主要是它非常隐形！但它并不是很好操作，因为它非常柔软轻薄，稍稍用力蕾丝就会被扯坏变形，并且还要配合胶水或水才能粘在眼皮上。

完美双眼皮的粘贴方法：

选用胶带型双眼皮贴，先截取一部分作为备用。在剪出眼部双眼皮轮廓时，最好沿着边缘剪，这样更容易掌握所剪出的形状。

贴在距离眼睑 1-2mm 的位置

选用深色系的眼影
轻扫在双眼皮贴的上面

睁开眼就会出现大眼的效果啦
眼皮贴的隐形效果也就呈现了

贴双眼皮并不难，要勤加练习，你的技术也会提升哦！

减龄萌萌"兔子眼妆"的妆容技巧

◆ 这种眼妆以粉红色眼影为主体，和金棕色系的眼影搭配体现和谐感，在眼头和上眼睑中间涂抹金棕色眼影有扩大眼睛的作用；眼线的修饰尤为重要，接下来分步说明。

➡ STEP1：
底妆完成后，眼妆部分先用接近肤色的眼影粉涂抹整个眼睛周围，然后用小号眼影刷蘸取珠光白色眼影，涂抹在上眼睑的中间部位。

➡ STEP2：
使用眼影刷蘸取浅棕色眼影，描画出上眼睑靠近睫毛根部的内眼线，注意不要太粗，要隐形。

➡ STEP3：
使用眼影刷，蘸取粉红色眼影涂抹上眼线位置，宽度大概为双眼皮区域大小。

➡ STEP4：
下眼睑是眼妆的重点，选择粉红色的眼影自下眼睑眼尾一直刷至眼头处。

➡ STEP5：
用浅棕色眼线笔画出卧蚕，在靠近下眼睑和卧蚕线中间用金色珠光涂抹。

➡ STEP6：
选择红色的眼线笔，沿着下眼睑黏膜位置画出内眼线，再贴上假睫毛就完成了。

卸妆产品的选择技巧

◆ 卸妆油和卸妆水的区别

卸妆油

♥ <u>适用人群</u>：每天化浓妆、彩妆、舞台妆的人群。

➡ <u>使用方法</u>：干脸使用，涂抹全脸，要轻轻打圈按摩，在脸上停留 30 秒钟后要用温水彻底清洁。

卸妆油的原理是以油溶油

像遮瑕力强、油脂含量高的粉底液、粉底霜、眼影、腮红等日常使用的化妆品，这些污垢不能被一般的洁面乳去除，这也正是"以油溶油"中的第二个"油"的解释。通过它的油类成分的"亲油性"特点，溶解脸部油溶性污垢，再通过加水乳化，然后用大量温水冲走，从而达到彻底卸妆、清洁的功效。

⚠ **注意：**

<u>用卸妆油卸妆后，一定要再搭配洗面产品再次清洁，才能让皮肤更加干净清爽。</u>

卸妆水

♥ <u>适用人群</u>：干性肌肤、油性肌肤、淡妆的人群。
（只涂 BB 霜，防晒之类的产品只用卸妆水即可）

➡ <u>使用方法</u>：如果画了眼唇的彩妆，先卸眼、唇，再卸面部。眼睛部位请敷 15 秒钟，轻轻擦下。卸睫毛膏时请把卸妆棉垫在眼下，用棉棒蘸湿卸妆水，把睫毛膏擦在卸妆棉上，并用蘸湿卸妆水的棉棒把内眼线等擦干净。

⚠️卸妆水的质地都比较轻薄，比较安全和温和，对肌肤刺激性小，适合大面积卸妆。一般情况下用来清除淡妆。其中卸妆水是通过产品中的非水溶性成分与皮肤上的污垢结合，达到快速卸妆的目的，相比卸妆油，它可以保证肌肤的含水量，使用后不会觉得油腻。

◆ 卸妆油和卸妆水选择

▶▶ 对于卸妆我们更推荐卸妆油，因为卸妆油适合所有类型的肌肤。

▶▶ 卸妆产品如果不靠"油"去除彩妆，就很难去除干净。

▶▶ 如果用卸妆水就必须依靠去脂力强，但相对刺激性大的"界面活性剂"。

▶▶ 界面活性剂对较敏感的肌肤来说更加不安全，而且对于油皮有些化妆品卸妆力不够会有残留。

▶▶ 卸妆水卸妆需要用化妆棉擦拭，增加了摩擦，不适合敏感肌和干性皮肤。

89 简单三步用眼线打造出妩媚凤眼

◆ 只要掌握简单三步，单靠眼线就能放大你的眼睛，让你拥有妩媚凤眼，明亮而有神。

A.　放大较小的眼睛——眼中间一笔

→ STEP1：使用眼线笔在上眼皮细细画一条打底眼线。

→ STEP2：在中间加粗，让眼线来增大黑眼珠的轮廓。

B.　较圆的眼睛变妩媚——眼尾一笔

→ STEP1：从眼头开始描画，眼头可以画得粗一些。

→ STEP2：自然过渡到眼中，平拉到眼尾，注意粗细均匀。

→ STEP3：眼尾处拉长一点点，眼睛变得妩媚动人。

C.　眼神明亮出彩——下眼线一笔

→ STEP1：下眼皮靠近眼尾三分之一处画眼线。

→ STEP2：注意眼线的粗细，眼尾粗，眼中细。

→ STEP3：用刷子晕染开，上下呼应更具神采。

90 化了妆之后补涂防晒的技巧

A. 用吸油纸吸油，去除多余油脂或汗渍。

B. 使用一款清爽的防晒喷雾，均匀喷洒脸部。

C. 补涂防晒乳，用拍打的方式涂抹吸收。

贴双眼皮贴久了能变双眼皮吗?

双眼皮贴久了眼皮会变松,因为长期撕拉双眼皮贴,对眼皮的伤害特别大,使用双眼皮贴只是改变了皮肤皱褶,有眼睛变大的效果,但是是一次性的,所以说不是贴贴就能变双的。

只画眉的情况下需要卸妆吗？

　　假如你出门之前只画了眉毛出门，那么晚上回家之后，一定记得卸眉毛！因为通常我们用的眉妆产品，基本都是防水防汗的，如果不卸干净，那么眉毛部位容易出现色沉、掉眉毛、长痘等现象。

打造美到炸的 "泰式甜媚妆容" 的技巧

◆ 泰式妆被称为最适合亚洲人的轻欧美妆

◆ 重点突出眉毛和睫毛的浓密感

◆ 整体妆面追求深邃立体的效果

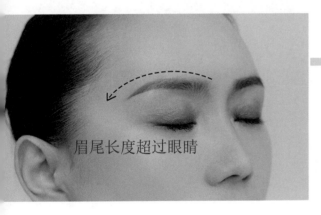

眉尾长度超过眼睛

A. 野生眉

泰式妆的灵魂就在于根根分明的野生眉，而比起我们常见的野生眉，泰式妆的眉毛要偏长一些，眉头和眉尾都需要超过眼睛的范围。

B. 浓密睫毛

眼线、眼影可以不画，但是睫毛一定要浓密卷翘，同时纤长的下睫毛也不能忽略，能最大程度地放大双眼让眼睛变得深邃有神！

下睫毛不能忽视

阴影打在脸侧下颌线

C. 自然立体修容

比起欧美妆的深邃立体五官，泰式妆追求自然的修容，让脸部轮廓看起来紧致立体，但又毫不夸张。

D. 少女唇色

在唇妆的选择上，泰式妆也更符合亚洲人的审美，多不是欧美妆的裸色大厚唇和性感大红唇，选择日常少女的豆沙色、橘色系等黄黑皮都适用的百搭唇色。

少女系口红

E. 晒伤感腮红

泰式妆的腮红比较明显，颜色以橘棕色、蜜桃色为主，沿着脸颊的位置斜向上扫，有一种微微的晒伤感。

94 最流行的"纯欲风"妆容的化妆技巧

◆ 每一段时期就会兴起一款流行的妆容风格，之前大热的"初恋脸""茶系风""浓颜风"大势已去，近期又掀起一波新的流行热潮，就是"纯欲风"妆容。

  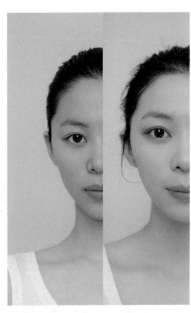

*所谓纯欲风就是清纯和性感的结合，充满小心机的精致妆容使人看上去既单纯无辜，又有一些漫不经心的小性感。

A. 轻薄无瑕的底妆

➡ 粉底重点凸显薄、润、透的效果，脸上的妆容也尽量轻薄一些，让整个人的气色更加干净利落。纯欲风妆容可以选择水光质感的粉底液，这样容易打造牛奶肌的妆效，皮肤看上去很是清透和充满光泽感。遮瑕这一步很重要，纯欲风妆容需要凸显白皙细嫩的皮肤状态，脸上的痘印、黑眼圈和斑点这些瑕疵最好用遮瑕膏遮盖住，不然整个妆面会显脏，肤色不均匀，就达不到清纯通透的效果了。

B. 闪亮的眼妆

➡️ 妆容风格的重点在于眼妆，而眼妆是最能体现女生灵气的一部分。纯欲风眼妆不宜过于浓重，可以选用粉色系、橘色系等眼影粉淡淡的晕染，凸显乖巧和羞涩感。

➡️ 睫毛一定要卷翘且轻巧，把睫毛的弧度卷上去并根根分明的定型就好了，如果粘上假睫毛反而显得多余。

➡️ 眼妆部分点睛之笔就是亮闪闪的卧蚕了，简单经典的银色小细闪正符合纯欲风隐藏的氛围感。轻轻涂在眼头部位，在视觉上放大眼睛，在下眼睑的卧蚕上也稍微涂一些，让眼睛更灵动有神，还有些妩媚之感。

 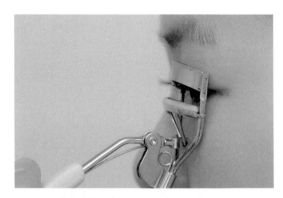

＊纯欲风表现的是女性的柔美妩媚气质，所以每部分的妆感都要浅淡适中，妆面不可太浓重，正如单纯之中透露着性感，恰到好处。

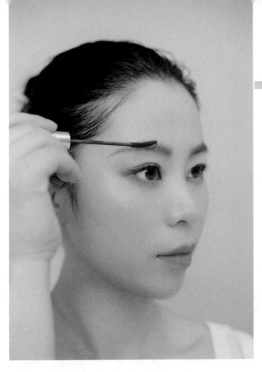

C. 自然眉毛

➡ 纯欲风比较温婉柔美，眉毛就不能过于尖锐犀利，可以稍微弱化一下眉峰，眉形的弧度化弯曲一些，尽量褪去有强势的犀利感。

➡ 眉笔的颜色选择浅色系的，发色黑的用浅灰色，发色浅的用浅咖色，兼顾整体的色彩度，填充眉色也要轻柔浅淡。

D. 光感口红

➡ 纯欲风唇妆是要娇滴水嫩的，适合用滋润质地的口红，或者在最后叠加一层水光唇蜜，让嘴巴看上去亮泽、水嫩嫩的，很有微醺诱惑的氛围美。

➡ 这种妆容最适合两种口红的涂法，一种是满涂，一种是半涂，满涂就是把口红涂得超出唇线，有点嘟嘟唇的感觉，比较饱满性感；另一种是半涂，就是只把口红涂在嘴唇的内侧，再轻轻向外晕染过渡，比较无辜单纯。

➡ 大家可以根据自己的唇形和喜欢的风格进行选择，这两种唇妆都很具有饱满的年轻感。

E. 腮红晕染

➡ 腮红也是纯欲风妆容很重要的一部分。

➡ 腮红分别横向打在鼻尖、下巴、颧骨的位置，可以往颧骨后侧和眉骨的方向稍微延伸一点，这样看起来更大方，少量多次地涂扫，无需大面积晕染，颜色可以选择淡粉色和淡橘色，但要保证妆面的清透干净。

腮红晕染

从颧骨斜向下往面中打
注意不要低于鼻头
留出面中三角区
所以苹果肌还是嘟的

95 眼和唇的卸妆方法

◆ 由于眼睛和唇部彩妆的特殊性，涂抹在上面的彩妆品一般都是防水控油类的，比如睫毛膏、眼线、眼影等重彩类产品，所以给眼睛和唇部卸妆要选择专用的卸妆产品。

✦ I. 全脸使用的卸妆品往往没有足够的清洁力。

✦ II. 如果选用脸部卸妆产品用在眼部彩妆，溶解之后的污垢会导致色素沉积，天长日久的话很容易形成色素沉积型黑眼圈。

96 零难度！抗老化妆大法

◆ 30 岁之后，明显感觉到自己的脸开始衰老，我总结出六个抗老小技巧。简单易学，所有人都可以学会。

A. 精致度

⮕ 选择亚光妆面

亚光的妆面会比光泽感的妆面更显紧致。因为 30 岁之后，脸部会出现凹凸不平，反光会很明显地看出来，特别是有细纹和下垂的部位会很明显，最简单的方法就是用透明蜜粉大面积压在这个地方，包括你的苹果肌，还有鼻基底。这样压过之后，亮的地方会没有那么亮，暗的地方也会没那么暗，细纹看起来就会没那么明显。定完妆还会有一点点的阴影，整体来说，会紧致很多。

B. 提亮太阳穴

➡️ 随着胶原蛋白流失之后，你的面部轮廓会变得凸显，因为颧弓会外扩，太阳穴会凹陷。在做调整之前，太阳穴，它的起点就是你的发际线。所以我们先沿着发际线涂扫，这里要最亮，因为受光少。然后再往外扫一点，让它上下的范围大概就是眉尾到颧骨上方。提亮之后，你会发现确实会饱满起来。

➡️ 接下来我们要给颧骨上涂一点阴影，然后稍微往前过渡一下，当面部轮廓的线条更加流畅之后，你会觉得整张脸的饱满度是提升的。

C. 面部饱满

➡️ 需要增加饱满度的主要位置是苹果肌，粉色是一个膨胀色，把它涂扫在苹果肌的受光面。苹果肌就凸显出来了，那它的受光面越膨胀，就会显得苹果肌越紧致显饱满。

➡️ 我们可以笑一笑，找到最突出的位置，把粉色腮红大面积扫在苹果肌上方。

➡️ 接下来再叠加一层正常颜色的淡粉色腮红，腮红位置一定是斜向上去扫，这样出来的效果才会有上扬提拉的感觉，整张脸的平整度也会更好，就会出现胶原蛋白满满的感觉。

D. 饱满唇妆

➡️ 30 岁以后，嘴巴的胶原蛋白也会流失，嘴唇会变薄，并且变干，唇纹会加重，所以我们在化妆的时候，要相对努力地去打造一个比较饱满的唇型。

➡️ 涂口红一定先做打底，把原有的唇色覆盖掉，打完底之后，再用唇刷，叠加一次在嘴唇的内圈。如果你想嘴巴更加有肉感，可以用深一点的颜色去加深里面，让它看起来更加饱满。还可以在唇中间加亮亮的唇油，主要是为了让两个唇珠更加凸显。上唇峰我建议大家用珠光的浅色眼影，去提亮一下轮廓，提亮之后，你会觉得整个嘴巴翘出来了。

➡️ 接下来再叠加一层光泽感唇釉，因为光泽感会让嘴唇更加丰盈。一般我会叠加在嘴巴的外轮廓，唇珠的位置，微微有点亮亮的感觉，你会觉得整个嘴巴是饱满的。

E. 修饰下颌线

➡ 随着年龄的增长，脸部肌肉开始下垂，和脖子的界限不够清晰，所以30岁之后，我每次化妆都会给自己画上一个棱角分明的下颌线。下颌线是要按照脸部结构来的，它应该是从耳后出发，抵住下颌线来画的一个阴影。

➡ 到了脸颊，就是从耳朵的边缘出发，修容的时候一定要正面面对镜子，只过渡下颌底的骨骼，不要在脸上涂扫，否则会显得妆面脏。最高的修容境界就是，正面看不出来，侧面看有过渡感。

F. 增加发量

➡ 发量多，能给人生命力很旺盛的感觉，如果掉发严重，建议把头发剪短。头发剪短之后，脱发的数量会减少，而且整体的蓬松感会加强，所以整个人看起来也会更加年轻，更加有活力。

经常脱妆的解救方法

A. 注意粉底液的选择

➡ 不要选择过厚质地的粉底液而要选择轻薄质感的。

B. 正确选择散粉

➡ 选择质感精细轻薄的散粉，颜色与粉底颜色相近的色系。

C. 使用化妆刷定妆

➡ 选用少量多次蘸取的方法定妆，主要涂抹眉毛、眼部等化彩妆的部位和容易出油的部位，不要全脸涂抹。

日系元气少女妆容的画法

日系元气妆容画法

➡ 日系元气妆容的底妆追求清透、无瑕，这样才能给人满满的青春少女感，所以在涂上粉底液之后，还要使用遮瑕液来遮盖你的黑眼圈、痘印与小雀斑等瑕疵。

➡ 五官追求立体精致，所以修容塑造立体感很重要，尤其是鼻子两侧与侧脸的阴影修饰一定要打好，鼻梁、下巴则要打高光粉提亮。

➡ 眉毛追求自然立体的眉形，颜色以浅咖色为主，再用染眉膏修饰眉毛，让其更显饱满和立体。

➡ 眼妆追求清淡自然，选择浅棕色的眼影，在眼尾处可晕染广泛一些，增加深邃感，接着用睫毛夹将你的眼睫毛夹得卷翘。

➡ 使用棕色眼线笔画眼线，再用橘棕色眼影晕染眼尾三角区，令整个眼妆更有层次感。

➡ 腮红追求自然粉嫩，在苹果肌位置扫上粉色腮红，外沿则打上橘色腮红，给人粉嫩红润的感觉。

➡ 最后再用粉色唇膏润唇打底在双唇内侧涂上红色唇膏即可。

化妆时要避免的几个错误

错误一: 皮肤差, 所以涂很厚的粉底液

➲ 这种想法是错误的, 不要因为自己的皮肤差而涂上很厚的粉底液来遮盖脸上的小瑕疵, 比如痘印、斑点之类的, 这是非常错误的做法, 不建议化妆的粉底覆盖在痘痘闭口上, 很有可能会导致痘痘发炎, 给皮肤带来更大的负担, 如果说你的面部斑点很多, 黑眼圈很重, 那就要用专业遮瑕产品, 而不是一味地用粉底来遮盖。

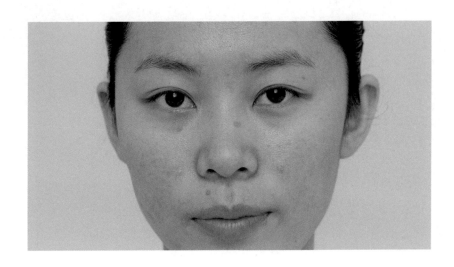

🎩 **粉底的作用是:**

均匀肤色、提亮肤色, 并不是遮瑕;

虽然现在很多的底妆产品都带有遮瑕功效, 但它的遮瑕效果远远不如遮瑕膏。

⚠️ 注: 粉底覆盖在痘痘闭口上会变得更严重, 所以长痘严重的时候是不建议化妆的。

夏季该怎么选择底妆呢？

❖ 夏季不管是粉底液还是乳液或者爽肤水，尽量选择清爽型的，因为夏季我们身体特别容易出汗和分泌油脂，如果这时候再用上质地比较浓稠的乳液或爽肤水，再加上比较厚重的粉底，会堵塞毛孔的呼吸和代谢。

夏季也要用面霜， 面霜具有锁水的功效

🔲 如果不涂面霜，不管我们用多好的乳液或者精华，我们脸上的水分都锁不住，并且夏季最好也用质地轻薄水润的面霜。

▶▶ 粉底怎么选择呢？
选择有控油效果的粉底液或者粉底霜。

错误二： 化妆刷喜欢混着用

➡️ 化妆刷的种类和材质很多，不同的部位使用不同的刷子，有很多化妆的人群会把刷子混着用，这种方法是不建议的，因为每一种刷子能够被设计出来，就会有它自己的用途，有的部位适合用动物毛质的，比如眼影刷、唇刷，用在比较嫩薄的部位，而眉刷会选用硬挺一点的纤维质地，眼影刷的刷头设计和鼻影刷的刷头设计完全不一样，画出的效果也不一样，混着用达不到很好的效果。

错误三： 喜欢用流行色和难以驾驭的颜色

➡️ 每当明星推荐不同颜色的眼影或者口红时，我们都会心动去买，但一旦买回来才发现颜色根本就不适合自己，我们千万不要用自己难以驾驭的颜色，我们在选择彩妆颜色的时候要根据自己的肤色、风格和整体妆容色调来选择，如果这些彩妆颜色过于亮眼出挑，与你的肤色、风格不搭的话，那么你妆容就会看起来特别怪异！

错误四： 喜欢买网红产品

➡ 现在随着线上平台的丰富，很多明星纷纷在上面种草，分享自己的护肤或者化妆心得，很多爱美的人群认为明星都在用，那也要买，但买回来的却不一定适合自己。所以说我们每个人千万不要盲目地去跟风购买产品，一定要根据自己的肤质来选择，确定真的适合自己的肤质之后，再去购买。

100 红唇不显老的秘诀

红唇不老秘诀一

红色唇形的画法是关键，千万不要画唇线，会有
年龄感，正确的画法是让红色自然晕开。

红唇不老秘诀二

不要搭配浓妆，越简单越好。

美是一种力量

是内心的坚定

感受生命力的温暖

美会像花一样盛开

——美的缔造者 曲爱琳

男士护肤&化妆篇

极简，源于自然万物的美学，
纯净，回归生命原初的真实。
透过表象的复杂，探究本质的真实，
肌肤亦是微生自然，自有其生态秩序。

男士实用的化妆小技巧

① 化妆前一定要做好保湿工作。

② 化妆前要涂抹防晒霜或者隔离霜。

③ 不管是选择BB霜或者是粉底膏等底妆产品，选择的色号要符合自己的肤色。

④ 使用底妆类产品，要均匀点在脸上，遵循少量多次的涂抹方法均匀涂开，不够再慢慢叠加。

⑤ 粉底建议使用化妆刷或潮湿的美妆蛋上妆。

⑥ 选用散粉定妆，不要涂太多，否则会显得厚重，先定妆容易出油的部位。

⑦ 修高鼻梁时注意不要把修容粉在整个鼻梁两侧都画满，主要修饰靠近内眼角两侧的鼻梁。

⑧ 修饰脸部轮廓的时候是顺着鬓角往下到下巴的位置，面积不要太大，亚洲男士适合选择灰色修容粉修饰。

⑨ 化妆前，记得要修眉，把靠近上眼睑和眉毛中间的杂毛修掉。

⑩ 画眉的时候用眉刷蘸取眉粉，刷出的眉毛会比较自然，选择和自己本身眉毛颜色相近的颜色。

⑪ 嘴唇偏干的男士要涂润唇膏。

⑫ 肤色比较白的男士可以选择豆沙色的口红。

男士妆容的化妆步骤

 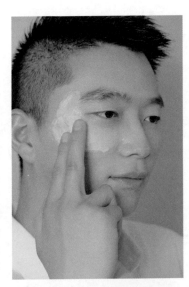 

① 妆前保湿 → ② 涂抹底妆 → ③ 涂抹 BB 霜 → ④ 局部遮瑕

→ ⑤ 定妆 → ⑥ 画眉 → ⑦ 润唇膏 → ⑧ 发型

男士护肤四部曲

▶ 男士们的护肤理念在于"精简"：既要高效简单好执行，又要直观有效，这样才会有一直坚持护肤的动力和好习惯。

▶ 以下介绍的男士护肤四部曲：
"清洁、修复、保湿和防晒"，只要在日常护理中做到这几方面，一定可以保持最佳的皮肤状态，养成自律健康的生活习惯，在日常社交中的表现更加自信和有朝气，迎接每一天的挑战与惊喜。

第一步：清洁皮肤

➡ 男士注重洗脸就会年轻好几岁。男生们的脸上容易泛油光，如果是运动之后，汗水和油脂就会让脸上更加油腻，如果日常清洁没有做到位，极易引起皮肤炎症，产生痘痘、黑头和毛孔粗大等问题。所以看似简单的"把脸洗干净"，其实是日常护肤流程的基础。

➡ 日常的洗面奶可以按照"晨间"和"晚间"来选择使用不同的产品。

➡ 早上起来时脸上相对清爽一些，因此更推荐使用氨基酸类洗面奶，更加温和，不会过度清洁皮肤角质层，洗完不紧绷，开启全新的清爽一天。

夜间清洁

▶ 到了晚上睡前，经历了一天的油脂分泌和外界环境的污染沉积，脸上油腻且疲惫，这时就需要用皂基或氨基酸与皂基结合的洗面奶，这一类的产品具有更强的清洁能力，注意在T区易出油的区域多做一些打圈按摩，让泡沫充分清洁油脂。

第二步： 修复精华

➡ 随着年岁的增长，男生们的皮肤也会出现一些诸如暗沉、色斑和皱纹等一系列皮肤问题。推荐女士的超级护肤法宝"早C晚A"护肤法，对于男士而言同样适用。

➡ 首先是 VA 视黄醇，VA 视黄醇类护肤品抗皱抗老，调节皮肤的水油平衡，尤其是对于油皮非常适合。

➡ 其次是维生素 C，VC 类护肤成分是非常有效的抗氧化剂、中和自由基，同时还有均匀肤色和消炎修复的作用，对于面部暗沉蜡黄、痘印以及假性细纹都有很好的改善效果。

第三步： 保湿水乳

➡️ 让皮肤喝饱水、锁住水分是非常重要的。水是护肤中的核心，只要保湿做得好，就能将我们的皮肤维持在健康的状态，皮肤自身的免疫力会帮助我们抵御外界的各种伤害，让皮质的新陈代谢正常运转，减缓衰老，从而让皮肤维持在细腻光滑和弹性饱满的最佳状态。

第四步： 保护防晒

➡️ 防晒是我们每日护肤必备的一步，也是护肤流程里的最后一步，来帮助我们抵御紫外线对于皮肤的伤害，不仅是防止晒黑（UVB），更关键的是防止晒伤晒老（UVA），像是皱纹、色斑以及肤色不均、暗沉、泛红敏感等等一系列的皮肤问题，很大程度上都是由于紫外线辐射造成的"光老化"，因此认真涂好防晒霜，其实是最有效的抗老抗皱护理。

104 男士面膜的选择方法

▶ 周末推荐来一次敷片面膜，给皮肤供给充足的营养和水分，改善一周的疲态。在面膜选择上，可以使用保湿类面膜，也可以尝试具有一定的修复抗老功效面膜，都可以高效地调理皮肤状态，养出自信又健康的"少年感"好气色。

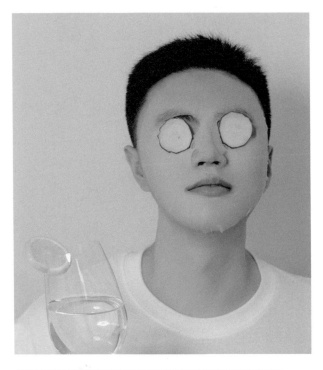
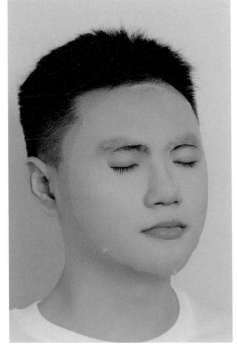

使用面膜的小技巧有哪些呢？

◉ 首先，水乳的用量不宜过多，多余的产品堆积在皮肤上会造成搓泥，并且堵塞毛孔，造成皮肤的负担；相应地，用量太少则无法发挥保湿功效。因此，可以根据使用感受来调整用量，充分涂抹于全脸和脖子即可。

◉ 其次，敷片面膜每周一次即可，若是在干燥季节，可以适当增加到每周两次。敷完之后建议用清水冲洗一下，把残留的面膜精华液洗净，之后再开始正常的日常护肤流程，避免堵塞毛孔。

男士肤色不匀，
　　　　容易长黑头的护肤拯救方法

❯ 　除了做好每日清洁之外，非常推荐男士们每周做清洁面膜和面部去角质，因为去角质能够快速去除皮肤上多余的角质，从而使毛孔畅通，促进皮肤对护肤品的吸收。

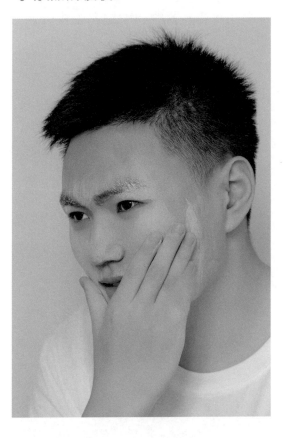 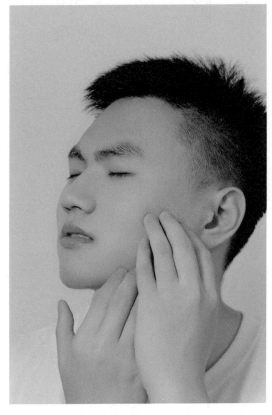

⬤ 皮肤上的老旧角质中含有大量的黑色素，这些黑色素一旦沉积就会使皮肤看起来显得暗沉发黄，有的甚至会使皮肤呈现出黑灰色。因此去角质的好处就是可以将皮肤表层上的多余的角质去除，从而使皮肤看上去变白很多。

⬤ 两类产品每周间隔使用，春夏每周 1-2 次，秋冬每周 1 次即可，这一步对于毛孔清洁非常有效，黑头和白头都会减少很多。

男士皮肤类型的诊断方法

A. 干性皮肤

→ 面部比较粗糙，容易长细纹和雀斑，换季期间容易紧绷、干燥和脱皮。

B. 油性皮肤

→ 面部油脂旺盛，尤其是 T 区，容易长痘痘，毛孔粗大，鼻子容易长黑头，角质层较厚且容易生暗疮、青春痘、粉刺等。

C. 混合型皮肤

→ 大部分男士属于混合型肌肤，常见为 T 区爱出油，容易生粉刺，其余部分较为干燥。

D. 敏感性皮肤

→ 角质层薄，偶尔会有刺痛感，容易过敏、红肿、有血丝等。

E. 中性皮肤

→ 面部红润有光泽，毛孔细小，也是肌肤健康的状态。

107 男士不同肌肤的护理方法

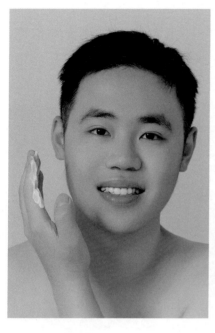  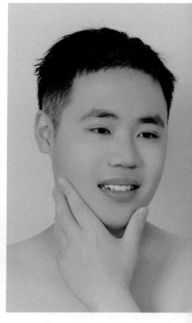

A. 干性肌肤

→ 以补水和营养为主，防止肌肤干燥缺水引起脱皮，选择抗氧抗皱的护肤品。

B. 油性肌肤

→ 以清洁、补水、营养为主，防止阻塞毛孔，平衡油脂分泌，防止外油内干，选择控油保湿的护肤品。

C. 混合性肌肤

→ 以控油和滋润为主，主要控制 T 区分泌（额头、鼻子、下巴）过多的油脂和能够收缩毛孔，滋润干燥部位。

D. 敏感性肌肤

→ 以温和护理为主，首先选择洗面奶要选择温和型的氨基酸成分，不要用力搓面部，以免产生血丝，其次做好防晒。

E. 中性肌肤

→ 以补水和锁水为主，正常补水保湿即可，不要过分使用功能型产品。

男士护肤五大误区

> 颜值时代，现在很多男士越来越在乎自己的外在形象了，也越来越重视护肤了。说起男士护肤，还普遍存在很多护肤误区，下面几点男士朋友日常生活误区需引起注意：

误区一： 洁面只用香皂

有些男士洁面认为只用香皂即可，殊不知经常用香皂洁面会影响皮肤酸碱度。皮肤干燥或紧绷时，皮脂腺便会分泌大量油脂，使面部出油情况加重。

误区二： 暗疮用手挤

⊙ 暗疮是因为灰尘、死皮堆积毛孔，使多余皮脂无法正常排出，从而导致皮肤被细菌感染而形成的。

⊙ 有些男士喜欢用手或者利器去处理暗疮、粉刺，这样容易造成感染的加重和扩散，会变成大疙瘩，容易遗留色素沉着，形成疤痕。

误区三： 不良生活习惯

➡ 如果没有良好的饮食习惯，经常吃油腻、辛辣、刺激的食物，并有抽烟的习惯，那么脸色看上去就一定不够健康，缺乏光泽。所以平时要养成良好的饮食习惯，多吃清淡的食物和新鲜的蔬菜、水果，多喝水，少抽烟或不抽烟，才能有效地改善皮肤。

误区四： 用女性护肤品

➡ 大部分男士的肤质都是趋向于油性，同时又缺水。而女性的护肤品大多是滋润型的，大多数女性产品不适合男性。所以，男士应当选择适合自己的较清爽的护肤品。

误区五： 不注重防晒

⟳ 防晒并不只会防止被晒黑，而且还会保护皮肤不受紫外线的伤害，所以防晒不论男女，每个人都应该引起重视。

你越欣赏这个世界的美
你就会越感恩
爬上山顶并不是为了让全世界看到你
而是让你看到整个世界

——美的缔造者 曲爱琳

结语：

美妆不仅是给肌肤增添色彩的手段，

更是展现个人独特魅力的艺术表达，

它是一个媒介，链接所有追求美丽的灵魂，

而美就在这色彩中绽放，也在艺术中升华。

用化妆造型的方式阐述美的故事，将自己多年的美妆经验分享，

让大家对美丽拥有足够的自信，对生活及人生更加积极、乐观与坚定。

通过学习美妆色彩的融合魅力，

将彩妆上升至艺术创作高度，

在色彩和技艺交织下，以简映繁，

将妆与容，平衡共成，

打造出精致却不千篇一律的动人妆容。

让审美与情绪、色彩与艺术，

在不断变化中赋予美丽更多的可能性。

—— 美的缔造者　曲爱琳

Evanlin

要感恩一切的发生，因为当你能够站在整体生命的视角看待每一个当下，你会知道，所有的所有，都是必要的，都是完美的，都是圆满的。你要做的，是保持这份觉知。

——美的缔造者　曲爱琳

图书在版编目（CIP）数据

护肤化妆问题 108 解 / 曲爱琳著 . -- 上海 ： 文汇出版社，2024.3

ISBN 978-7-5496-4229-8

Ⅰ. ①护… Ⅱ. ①曲… Ⅲ. ①皮肤－护理－问题解答 ②化妆－问题解答 Ⅳ. ①TS974.1-44

中国国家版本馆 CIP 数据核字（2024）第 054592 号

护肤化妆问题 108 解

著　　者 / 曲爱琳

责任编辑 / 熊　勇

封面设计 / 卢立保

装帧设计 / 江　丽

出版发行 / 文匯出版社

　　　　　　上海市威海路 755 号

　　　　　　（邮政编码 200041）

印刷装订 / 上海颛辉印刷厂有限公司

版　　次 / 2024 年 3 月第 1 版

印　　次 / 2024 年 3 月第 1 次印刷

开　　本 / 787×1092　　1/16

字　　数 / 180 千

印　　张 / 12

ISBN 978-7-5496-4229-8

定　　价 / 108.00 元